U0202827

"博雅大学堂·设计学专业规划教材"编委会

主 任

潘云鹤　（中国工程院原常务副院长，国务院学位委员会委员，中国工程院院士）

委 员

潘云鹤

谭　平　（中国艺术研究院副院长、教授、博士生导师，教育部设计学类专业教学指导委员会主任）

许　平　（中央美术学院教授、博士生导师，国务院学位委员会设计学学科评议组召集人）

潘鲁生　（山东工艺美术学院院长、教授、博士生导师，教育部设计学类专业教学指导委员会副主任）

宁　刚　（景德镇陶瓷大学校长、教授、博士生导师，国务院学位委员会设计学学科评议组成员）

何晓佑　（原南京艺术学院副院长、教授、博士生导师，教育部设计学类专业教学指导委员会副主任）

何人可　（湖南大学教授、博士生导师，教育部设计学类专业教学指导委员会副主任）

何　洁　（清华大学教授、博士生导师，教育部设计学类专业教学指导委员会副主任）

凌继尧　（东南大学教授、博士生导师，国务院学位委员会艺术学学科第5、6届评议组成员）

辛向阳　（原江南大学设计学院院长、教授、博士生导师）

潘长学　（武汉理工大学艺术与设计学院院长、教授、博士生导师）

执行主编

凌继尧

本书为东南大学基本科研业务费资助项目·省部级基地研究项目（项目号：3213045308）阶段性成果

设计学专业规划教材　工业设计/产品设计系列

产品设计程序与方法

许继峰　张寒凝　编著

Procedures and
Methods for Product
Design

北京大学出版社
PEKING UNIVERSITY PRESS

图书在版编目（CIP）数据

产品设计程序与方法 / 许继峰，张寒凝编著. — 北京：北京大学出版社，2017.8
（博雅大学堂·设计学专业规划教材）
ISBN 978-7-301-27842-0

Ⅰ. ①产…　Ⅱ. ①许…②张…　Ⅲ. ①产品设计 – 高等学校 – 教材　Ⅳ. ①TB472

中国版本图书馆CIP数据核字(2016)第309710号

书　　　名	产品设计程序与方法
	CHANPIN SHEJI CHENGXU YU FANGFA
著作责任者	许继峰　张寒凝　编著
责 任 编 辑	艾 英　路 倩
标 准 书 号	ISBN 978-7-301-27842-0
出 版 发 行	北京大学出版社
地　　　址	北京市海淀区成府路 205 号　100871
网　　　址	http://www.pup.cn　　新浪微博:@北京大学出版社
电 子 信 箱	pkuwsz@126.com
电　　　话	邮购部 62752015　发行部 62750672　编辑部 62752022
印 刷 者	北京中科印刷有限公司
经 销 者	新华书店
	710 毫米 ×1000 毫米　16 开本　14 印张　230 千字
	2017 年 8 月第 1 版　2024 年 2 月第 5 次印刷
定　　　价	68.00 元

C目录
ontents

丛书序   001

第一章   设计是什么   001

    第一节   design 与设计   001

    第二节   工业设计与产品设计   005

    第三节   设计组织定义的工业设计   007

    第四节   设计师所理解的设计   010

    第五节   设计理念的转变   013

    第六节   审视设计   020

第二章   设计什么   026

    第一节   设计的类别   026

    第二节   产品设计课题   032

    第三节   产品的类型   035

    第四节   新产品的界定与分类   044

第三章   设计，从哪里开始   049

    第一节   设计程序的引入   049

    第二节   设计程序的类型   052

第三节　产品设计的一般程序　　　　　　　　　　　　055

第四节　国际设计机构的设计程序模型　　　　　　　　057

第五节　产品设计程序实用模型　　　　　　　　　　　062

第四章　设计，如何做　　　　　　　　　　　　　　　068

第一节　设计思维与创新思维　　　　　　　　　　　　068

第二节　关于设计方法　　　　　　　　　　　　　　　074

第三节　设计过程中的典型设计方法　　　　　　　　　080

第四节　产品设计的创新思维方法　　　　　　　　　　085

第五章　设计，如何实现　　　　　　　　　　　　　　101

第一节　产品设计的阶段性任务　　　　　　　　　　　101

第二节　设计调查与分析　　　　　　　　　　　　　　107

第三节　问题定义与设计构想　　　　　　　　　　　　120

第四节　方案表现与优化　　　　　　　　　　　　　　130

第五节　设计评价与实现　　　　　　　　　　　　　　139

第六章　设计，从简单到复杂　　　　　　　　　　　　149

第一节　产品设计专业课题的设置　　　　　　　　　　149

第二节　设计教学类课题案例解析　　　　　　　　　　158

第三节　设计竞赛类课题解读　　　　　　　　　　　　169

第七章　设计，从问题到实现　　　　　　　　　　　　193

第一节　企业产品设计开发策略　　　　　　　　　　　193

第二节　企业产品开发计划　　　　　　　　　　　　　198

第三节　企业产品设计开发案例：连续式高频熔接机的设计　204

参考文献　　　　　　　　　　　　　　　　　　　　213

丛书序
Preface

北京大学出版社在多年出版本科设计专业教材的基础上,决定编辑、出版"博雅大学堂·设计学专业规划教材"。这套丛书涵括设计基础/共同课、视觉传达设计、环境艺术设计、工业设计/产品设计、动漫设计/多媒体设计等子系列,目前列入出版计划的教材有70—80种。这是我国各家出版社中,迄今为止数量最多、品种最全的本科设计专业系列教材。经过深入的调查研究,北京大学出版社列出书目,委托我物色作者。

北京大学出版社的这项计划得到我国高等院校设计专业的领导和教师们的热烈响应,已有几十所高校参与这套教材的编写。其中,985大学16所:清华大学、浙江大学、上海交通大学、北京理工大学、北京师范大学、东南大学、中南大学、同济大学、山东大学、重庆大学、天津大学、中山大学、厦门大学、四川大学、华东师范大学、东北大学;此外,211大学有7所:南京理工大学、江南大学、上海大学、武汉理工大学、华南师范大学、暨南大学、湖南师范大学;艺术院校16所:南京艺术学院、山东艺术学院、广西艺术学院、云南艺术学院、吉林艺术学院、中央美术学院、中国美术学院、天津美术学院、西安美术学院、广州美术学院、鲁迅美术学院、湖北美术学院、四川美术学院、北京电影学院、山东工艺美术学院、景德镇陶瓷大学。在组稿的过程中,我得到一些艺术院校领导,如山东工艺美术学院院长潘鲁生、景德镇陶瓷大学校长宁刚等的大力支持。

这套丛书的作者中,既有我国学养丰厚的老一辈专家,如我国工业设计的开拓者和引领者柳冠中,我国设计美学的权威理论家徐恒醇,他们两人早年都曾在德国访学;又有声誉日隆的新秀,如北京电影学院的葛竞。很多艺术院校的领导承担了丛书的写作任务,他们中有天津美术学院副院长郭振山、中央美术学院城市设计学院院长王中、北京理工大学软件学院院长丁刚毅、西安美术学院院长助理吴昊、山东工艺美术学院数字传媒学院院长顾群业、南京艺术学院工业设计学院院长李亦文、南京工业大学艺术设计学院院长赵慧宁、湖南工业大学包装设计艺术学院院长汪田明、昆明理工大学艺术设计学院院长许佳等。

除此之外，还有一些著名的博士生导师参与了这套丛书的写作，他们中有上海交通大学的周武忠、清华大学的周浩明、北京师范大学的肖永亮、同济大学的范圣玺、华东师范大学的顾平、上海大学的邹其昌、江西师范大学的卢世主等。作者们按照北京大学出版社制定的统一要求和体例进行写作，实力雄厚的作者队伍保障了这套丛书的学术质量。

2015 年 11 月 10 日，习近平总书记在中央财经领导小组第十一次会议首提"着力加强供给侧结构性改革"。2016 年 1 月 29 日，习近平总书记在中央政治局第三十次集体学习时将这项改革形容为"十三五"时期的一个发展战略重点，是"衣领子""牛鼻子"。根据我们的理解，供给侧结构性改革的内容之一，就是使产品更好地满足消费者的需求，在这方面，供给侧结构性改革与设计存在着高度的契合和关联。在供给侧结构性改革的视域下，在大众创业、万众创新的背景中，设计活动和设计教育大有可为。

祝愿这套丛书能够受到读者的欢迎，期待广大读者对这套丛书提出宝贵的意见。

凌继尧

2016 年 2 月

第一章│Chapter 1
设计是什么

　　什么是设计？或者，设计是什么？

　　这是长久以来的疑问，也是每一位设计师都在尝试探讨、回答、诠释乃至解决的问题。但是迄今为止，我们并没有得到一个明确的答案，设计到底是什么以及如何设计仍是一个谜。实际上，设计始终处于一种发展、变化的过程之中。各种设计之间原本清晰的边界也随着其概念的不断扩展变得愈发模糊。正因如此，学界普遍认为"设计是什么"是一个难以回答的问题——设计从来都不是一个固定的概念，而是一个不存在绝对定义的抽象概念。众所周知，设计受到诸多因素影响，也与众多领域产生关联、形成交集并彼此渗透，其面向并不是线性的，而是呈辐射状的，这也就导致设计的定义不可能是简单唯一的。我们若要寻找其答案，就需要跳脱设计固有的范畴、超越设计本身来看待这一问题，也许答案就在眼前。

第一节　design 与设计

　　谈到"设计（或 design）"一词，我们总会对某些经典产品（创意）、前卫作品（工艺品）和知名公司、品牌津津乐道，甚至将其看作是时尚和高品位的象征。如图 1—1 为某时尚品牌的设计作品发布会。事实上，"设计"一词已成为当前应用最为广泛、使用频率最高的词汇之一，各行各业都可以使用"设计"的标签，其含义往往可以等同于"创新""创造""改造"等。人们在日常生活中也常常使用"设计"这个词，如"动脑筋""想点子""找窍门"等，都是与设计相关的表达。美国国立建筑博物馆出版的《为什么设计？》（Why design？）一书中指出："设计是一连串的判断与决定，就和说话走路一样自然，也和空气一般无所不在。设计带给人类生活意义与快乐，并直接冲击着个人与环境。"随着科学技术的发展，人们的创造观和审美观不断发生变化，"设计"的内涵也随之变化，并逐渐成为一个具有广泛性

图1-1 某时尚品牌设计作品发布会

和系统性的意义组群。

英文"design"为复合词，由词根"sign"和前缀"de"组成。"sign"一词在英语中的含义颇为广泛，一般而言，具有"标记""方案""计划""构想"等语义，着重强调某种已然的状态；前缀"de"则广泛地含有"实施""做"等动态语义，强调"肯定""否定"或"组合""重复"等动作行为。因此，"design"一词本身含有"通过行为而达到某种状态、形成某种计划"的意义，就符号逻辑而言，它意味着某种思维过程或确定形式的过程。

从语言学的角度讲，"design"一词来自于拉丁语"designara"，其演变过程为：designara（拉丁语）→disignarn（意大利语）→disegno（意大利语）→desseing（旧法语）→design（英语）。"design"既可以用作动词（to design），又可以用作名词（design），后者由前者直接派生，所以人们在表述"设计"一词时既指一种过程，也指这种过程的结果。拉丁文"designara"的意思是"代表"和"指出"，desseing 兼有"画图"（dessin）和"意图"（dessein）的意思。意大利语"disegno"自文艺复兴时期开始使用，最初是指素描、绘画等视觉艺术的表达，意思是"描绘"，其含义指"艺术家心中的创作意念（常被认为在初步草稿上就予以具体化）"。15世纪的理论家弗朗西斯科·朗西洛提（Francesco Lancilotti）在他的《绘画论集》（*Trattato di Pittura*）一书中，即把disegno（描绘）、colorito（色彩）、compositione（构图）和inventione（创意）并称为"绘画四要素"。当时的意大利画家切尼尼（Cennino Cennini）也称"disegno"为绘画之基础。16世纪意大利建筑家、画家、美术史家瓦萨里（Giorgio Vasari）则将"描绘"提到"创意"之上，认为"一切艺术"由此而生。这里的"disegno"指控制并合理安排视觉元素，如线条、形体、色彩、色调、质感、光线、空间等，它涵盖了艺术的表达、交流以及所有类型的结构造型。17世纪初，罗马圣路克学院创始人祝卡洛（Federico Zuccaro）在《雕塑、绘画及建筑的概念》中认为"design"有"内在设计"和"外在描绘"的区别。至18世纪，"design"的词义有所发展，但仍被界定在艺术领域之内，更具体地说是限定在美术的范围之内。

英文的"design"保留了拉丁文"designara"的两层含义——"意图"和"绘图"，也就是说，设计 = 意图 + 绘图。这表明"design"本身就同时寓含了设计分析与创意阶段的"意图、计划和目标"的含义，以及将形态赋予概念的设计执行阶段的"草图、效果图、模型"的含义。1786 年出版的《大不列颠百科全书》对"design"的解释为："所谓的 design 是指艺术作品的线条、形状，在比例、动态和审美方面的协调。在此意义上，design 与构成同义，可以从平面、立体、色彩、结构、轮廓的构成等诸方面加以考虑，当这些因素融为一体时，就产生了比预想更好的效果……"经过不断演变和发展，"design"的词义重点不断转移，现在已经由最初的纯艺术或绘画方面的概念转向强调该词结构的本义，即"为实现某一目的而设想、计划和提出方案"。到 20 世纪中叶，作为现代概念的"设计"一词开始通行。1969 年赫伯特·西蒙（Herbert Simon）首次正式提出了设计科学的概念，将设计的意涵扩大到"一种问题求解的过程"。1974 年的《大不列颠百科全书》对"design"的解释更新为："Design 是进行某种创造时，计划、方案的展开过程，即头脑中的构思，一般指能用图样、模型表现的实体，但最终完成的实体并非 Design，只指计划和方案。Design 的一般意义是，为产生有效的整体而对局部的调整。"由此延展出的现代设计概念是指综合社会的、人类的、经济的、技术的、艺术的、心理的和生理的等各种因素，并将其纳入工业化批量生产的轨道，对产品进行规划的技术；或者说是为某种目的、功能，汇集各部分要素，并做整体效果考虑的一种创造性行为。

"设计"一词是"design"在中文中的对应词，指设想与计划。而在我国古代文献中，"设"和"计"是独立使用的字词，如《周礼·考工记》中将"设色之工"

分为"画、缋、钟、筐、幌"五项，此处"设"字表示"制图、计划"。《管子·权修》中说道："一年之计，莫如树谷，十年之计，莫如树木，终身之计，莫如树人。"这里的"计"字表示"计划、考虑"的意思。"设计"也多连用为词组，意为筹划计策、设下计谋等，指为某事而预先谋划对策。如《三国志·魏书·高贵乡公髦传》云："赂遗吾左右人，令因吾服药，密行鸩毒，重相设计。" 元代尚仲贤的《气英布》第一折中这样写道："运筹设计，让之张良，点将出师，属之韩信。"因此，"设计"一词在汉语中的组合基本有两种方式：其一是动宾结构，即指"制定计划，建立或完备策略"；其二是动词性的联合词组，即"制定与谋划，设立与计算"，强调一种动态性的想象、筹划、计算、审核，直至确定某种方案的过程。《现代汉语词典》中对"设计"一词的解释为："在正式做某项工作之前，根据一定的要求，预先制定方法、图样等。"《辞海》中的解释为："根据一定的目的要求，预先制定方案、图样等，如服装设计、厂房设计。"二者的解释基本上一致。

相对于西文"design"一词的词义变化，中文"设计"的现代概念也经历了相应的演化过程，其变化之处主要是词义所指内容和领域的界定。中文"设计"一词是由日本对"design"的译文转化而来的，而与"design"一词相对应的日语翻译也有"图案""意匠"和"设计"等不同的内容。最初日语里"图案"的意思是"表示设想"，而"意匠"则是指"创意功夫或创造性设计"，考虑到二者词义、词性都难以涵盖"design"的意思，现在日本通常直接采用英文"design"的音译"デザイン"，即"迪扎因"，而不另作翻译。日本《广辞苑》词典中对"デザイン"的解释是："在制造生活中所必需的产品时，要讨论产品的材质、功能、生产技术、美的造型等各种因素，以及来自生产、消费等方面的各种要求，并对之进行调整的综合性的造型计划。"由于中国人的语言习惯，长期以来在译名上未加修改，而是沿用了"设计"一词与"design"相对应，但其意涵随着时代的发展而不断扩展，并适用于各个不同的领域。因此，相关学科通常在"设计"一词前加上限定词作为专业区分，如工业设计、建筑设计、视觉传达设计等。但在实际使用中，它的内涵大致相当于工业设计所涉及的范畴，或者说，是指以工业设计为中心和主要部分的现代设计。

设计概念具有相当的丰富性，这不仅体现在其词义上，而且其实际所涵盖的领域和内容也在不断扩展与延伸。可以说，设计是出于某种特定目的进行的有秩序、有条理的技术造型活动，是谋求物与人之间更好地协调，创造符合人类社会生理、心理需求的环境，并通过可视化表现达到具体化的过程。但事实上，我们很难将设计限定到某一固定的或明确的范围之中，因为随着人类需求和认知的提升，设计的意涵也将更为丰富。用诺贝尔经济学奖获得者赫伯特·西蒙的话说："现在，凡是旨在改变现状，获得更优效果的行为都可以叫作设计了。"

第二节 工业设计与产品设计

文艺复兴时期，设计还停留在绘画创作的"描绘"方面，到 20 世纪初，包豪斯开始推动现代设计运动，强调功能对形式的限定和约束，重视对产品功能性造型的思考，设计的概念转为一种针对工业生产过程的计划活动，工业设计的概念也随之形成。可以说，现代工业设计的概念是伴随着现代社会中艺术与技术的变革而出现的。

"工业设计"一词是英文"industrial design"的汉译，从最初用于限定设计对象和工作领域的词汇逐渐拓展并延伸成为极具特色且内涵广阔的概念。而且，随着其应用领域的发展，"工业设计"通常被业界和学界约定俗成地看作"设计"概念的特定称谓。近年来，不同设计领域和学科间的跨界与融合、协同与整合的趋势明显加强，由工业设计延伸出的"大设计"概念日益强烈，因此，很多设计师和学者通常将"工业设计"与"设计"等同起来。

工业设计的出现可以追溯到 18 世纪英国工业革命时期。随着工业化与机械化程度的提升，传统的手工艺加工方式受到机械化和批量化生产的冲击，城市化进程也导致消费模式的变化，多元化市场需求的增长和时尚品位的改变加速了工业设计的发展。约瑟夫·赛诺（Joseph Sinel）通常被认为在 1919 年首次使用了"工业设计"一词，而克里斯多夫·德莱赛（Christopher Dresser）则被认为是首位独立的工业设计师（图 1-2）。就当时工业设计所涉及的领域来看，其主要集中在日用消费品方面，例如家具、灯具、餐饮器具等（图 1-3）。直至 1919 年德国包豪斯学校成立后，确立了"设计的目的是人而不是产品"的基本理念，将美学引入制造，主张工业技术与艺术的完美结合，努力推动手工艺与现代机械化生产的融合，有效地拓展了工业设计领域，进而快速提升了德国工业制品的品质与竞争力，使原本被认为"低廉劣质"的德国产品能够与英美产品相抗衡（图 1-4）。而后，美国的商业经济和市

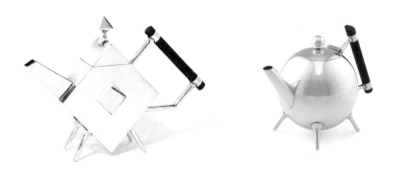

图 1—2 德莱赛于 1881—1883 年设计的电镀茶壶

图 1—3 贝伦斯在 20 世纪初的工业设计作品

场竞争促使工业设计职业化，工业设计在企业产品开发和商业竞争中发挥越来越重要的作用（图 1—5）。20 世纪 50 年代后，欧美等国家普遍进入经济发展黄金时期，工业设计得到众多发达国家政府和企业的重视，并上升到战略层面，制定鼓励其发展的相关政策进行扶持，以增强产品的创造性与革新性，改善产品质量，提升国际竞争力。英国政府 1944 年成立国家设计委员会，主张依靠工业设计振兴工业经济，日本政府则将设计作为基本国策和国民经济发展战略。意大利 Domus 杂志在其国际设计年鉴中写道："工业设计时代已经到来，不仅是因为好品位和工业设计的美学原则，而且因为它对于文化和技术的意义，因为文明和传统，以及家用产品和建筑工业……它最基本的原则和使命是经常创造美的东西。"20 世纪 80 年代后，随着工业自动化与信息化程度的不断提升，工业设计涵盖的领域拓展到企划、管理、战略、行销、美学、人因、技术、工程、文化、语意等诸多领域，渗入人类生活的方方面面，几乎贯通整个产品开发、生产的过程。

从"工业设计"概念的发展来看，其最初在"设计"前冠以"工业"，主要用来限定设计内容，并与其他艺术和设计类别相区分。当时欧美国家正处在现代工业蓬勃发展的时代，工业是引领时代和社会发展的关键，也是国民经济的主导领域。先进的科技应用和新产品的开发多出自工业领域，工业化成为现代世界的关键特征之一。因此，"工业设计"一词本身就带有前沿和前卫的意思，是一个具有现代性的概念。"工业"一词的涵盖面也很广泛，既包括重工业，也包括轻工业，涉及从开采工业到加工制造业，以及所有产品生产制造的环节和过程。因此，工业设计所解决的问题的范畴也不断拓展，几乎涵盖了人类所有的需求和欲望，这使得其概念的界定更加复杂化。

图1-4 包豪斯校舍及经典产品设计作品

图1-5 罗维设计作品

第三节 设计组织定义的工业设计

1957年，国际工业设计协会（International Council of Societies of Industrial Design，简称ICSID）于伦敦正式成立，旨在加强全球工业设计师之间的交流，提升全球工业设计水平，并对全球工业设计发展趋势进行探讨。2015年该组织更名为国际设计组织（World Design Organization，简称WDO），在一定程度上也显示出工业设计概念与范畴的变化。自成立到2015年，该组织先后几次公布或修订工业设计的定义，从中可以看出不同时期工业设计意涵的区别与变化。其中较具影响力并被业界广泛认可的定义主要有：

① 1959年，ICSID在瑞典斯德哥尔摩召开的首届会员大会上首次对工业设计

（师）进行定义："就批量生产的产品而言，工业设计师应凭借训练、技术知识、经验及视觉感受而赋予材料、结构、构造、形态、色彩、表面加工以及装饰以新的品质和资格。根据具体情况，工业设计师应在上述工业产品的全部侧面或其中几个方面进行工作。而且，当需要工业设计师对包装、宣传、展示、市场开发等问题的解决付出自己的技术知识和经验以及视觉评价能力时，也属于工业设计的范畴。"1980 年，ICSID 在巴黎举行的第十一次年会上修改后的定义与此近似。）

② 1970 年，ICSID 采纳了原乌尔姆设计学院（ULM）院长托马斯·马尔多纳多（Tomas Maldonado）在 1969 年所提出的定义："工业设计是一种旨在决定产品形式属性的创造性活动。所谓形式属性并不仅仅包括产品的外观特征，更主要是产品的机构和功能关系的转换，从生产者和消费者的角度，使抽象的概念系统化，完成统一而具体化的物品形象。工业设计由工业生产的条件方面延伸到所有的人类环境。"该定义在很长一段时期被业界广泛接受和认可。从内容来看，它首先表明了设计的创造性质和意义；其次，强调了产品的内部结构、功能与外观形态的统一；第三，做到了从人的需求出发，即从"实用、经济、美观"的基本原则出发，以造物的实用功能或实用价值的实现为基点，运用科学技术和大工业生产的条件，达到为人所用的目的。该定义将设计的目的从产品转移到人的需求上，而设计是人为实现自身需求目的使用的手段和方式，人是设计的根本和出发点。因此，设计师的工作首先与社会价值相联系，与人的需求相联系，而不是与物质相联系。

③ 随着工业对全球自然环境的影响日趋显现，设计界也开始重新审视人与环境的共生关系，设计从关注人与物转向关注人与环境及环境自身的存在，设计的定义也据此得以延伸到更广泛的领域。2006 年，ICSID 从目的和任务两个方面对（工业）设计做了定义：

从目的上说，设计是一种创造性活动，其目的是为物品、过程、服务以及它们在整个生命周期中构成的系统建立起多方面的品质。设计既是创新技术人性化的重要因素，也是经济与文化交流的关键因素。

从任务上说，设计致力于发现和评估与下列项目在结构、组织、功能、表现和经济上的关系：

- 推动全球可持续发展和环境保护（全球道德规范）。
- 赋予全人类社会、个人和集体以利益和自由。
- 最终用户、制造者和市场经营者（社会道德规范）。

- 在世界全球化背景下支持文化的多样性（文化道德规范）。
- 赋予产品、服务和系统以表现性形式（语义学）并与内涵相协调（美学）。

④ 2015 年国际设计组织（WDO）对当下的设计本质、范畴与特征进行探讨，再次对设计的定义做出修改：（工业）设计旨在引导创新、促发商业成功及提供更好质量的生活，是一种将策略性解决问题的过程应用于产品、系统、服务及体验的设计活动。它是一种跨学科的专业，将创新、技术、商业、研究及消费者紧密联系在一起，共同进行创造性活动。它通过将需解决的问题、提出的解决方案进行可视化，重新解构问题，并将其作为建立更好的产品、系统、服务、体验或商业网络的机会，提供新的价值以及竞争优势。（工业）设计通过其输出物对社会、经济、环境及伦理方面的问题进行回应，旨在创造一个更好的世界。

此外，国际上其他知名设计组织和机构也都依据各自国家的工业设计现状与发展特色对（工业）设计进行界定，以便推动和促进设计相关产业的发展。

中国工业设计协会关于"工业设计"的定义是：工业设计是工业化时代创造性设计活动的总称，是为了实现某种特定目标而进行的一种智力型、整合型的系统创造活动。它包括：

- 以知识、技术、文化、艺术等诸因素为资源（要素）。
- 以产品、服务为载体，以市场、企业、品牌为平台（载体）。
- 贯穿于研究需求、工业制造、营销流通、消费使用、环境保护等社会活动全过程中（结构）。
- 转化与开发技术、引导并满足消费、提升价值和企业品牌竞争力、塑造先进的社会文化（功能）。
- 创造更合理和更健康的生产和生活方式，以构建可持续发展的和谐社会（目标）。

美国工业设计师协会（Industrial Designers Society of America，简称 IDSA）将工业设计定义为："工业设计是一项专业化服务性工作，为满足使用者和生产者双方的利益而对产品及其系统的功能、使用价值和外观进行优化。工业设计师通过对使用者和生产者的特殊要求进行数据收集、分析与整合来开发产品及其系统，通过图纸、模型及表达提出简洁明确的建议。工业设计师的创新或创造活动经常需要跨学科团队协同进行，其中应包括经营管理、市场营销、工程和制造技术领域的专家。"这个定义涵盖了整个产品开发团队的活动，也将工业设计的内容从原来只专注产品形态和用户界面等转向系统优化。

加拿大魁北克工业设计师协会（The Association of Quebec Industrial Designers）对工业设计的定义是："工业设计包括提出问题和解决问题两个过程。既然设计就是为了给特定的功能寻求最佳形式，这个形式又受功能条件的制约，那么形式和使用功能相互作用的辩证关系就是工业设计。"

日本通产省归纳出日本企业对设计的普遍看法是："设计不只是产品的造型、色彩和尺寸，设计是决策的过程，它处理有关产品形式如何反映经济性与技术功能，并回应不同消费者的需求。"

第四节　设计师所理解的设计

从"设计"词义与定义的演变可知，其与社会发展和产业需求密切相关。作为主要从事设计活动的人员，设计师在各自的实践过程中对"设计"逐渐形成相对独特的认知和理解，这就构成了更为丰富的设计观点或理念。不同的设计领域对设计有不同的理解；即使在同一个专业领域，不同的设计师也会有不同的看法，而我们也得以从中看到对设计意涵的多种诠释。对于设计教育和研究而言，众多设计教育家和学者从不同视角对"设计"概念进行过解析，并不断扩展"设计"的含义。

- 包豪斯的创始人沃尔特·格罗皮乌斯（Walter Gropius）认为："设计这一字眼包括了我们周围的所有物品，或者说包容了人的双手创造出来的所有物品（从简单的日常用具到整个城市的全部设施）的整个轨迹。"
- 诺贝尔经济学奖获得者赫伯特·西蒙提出："设计是研究人为事物的科学。"
- 英国皇家艺术学院的布鲁斯·阿切尔（Bruce Archer）认为："设计是以解决问题为导向的创造性活动。"
- 美国宾夕法尼亚大学教授克拉斯·克里彭多夫（Klaus Krippendorff）认为："设计就是赋予产品独特的内在意义。"
- 清华大学美术学院教授柳冠中认为："设计是创造一种更为合理的生存（使用）方式。"
- 台湾设计理论家杨裕富教授指出："（产品）设计是发挥创意并图个方便的造型活动。"
- 前国际工业设计协会联合会（ICSID）主席亚瑟·普洛斯（Arthur Pulos）指

出："工业设计是满足人类物质需求和心理欲望的富于想象力的开发活动。"

- 日本设计教育家川添登认为："所谓设计，是指根据事先对物品的材料选择，经过制作过程到物品完成并得到使用的全过程而进行的设想行为。"
- 著名的设计理论家维克多·帕帕奈克（Victor Papanek）则将设计的范围加以扩展："设计是人类所有活动的基础。为一件期待得到而且可以预见的东西所做的计划与方案也就是设计的过程……总之，设计是为创造一种有意义的秩序而进行的有意识的努力。"

由上可以看出，学界对"设计"概念的阐释有着各自特定的角度和立场，虽然它们相互之间的时空跨度很大，但都试图从设计的本质出发来定义或寻找设计的宏观概念。从具体的设计实践也可以看出，设计作为一种综合的创造性活动，既包含了类似于艺术的感性创造活动，也包含了科学技术领域的理性创造活动。专业设计师对设计的定义往往不同于学术界的概念，而更多是从设计过程或实际操作方面进行讨论，并依据自身经验和感悟来形成对设计的"特殊理解和认知"，这也在一定程度上拓宽了我们看待"设计"的视域。

- 著名设计师雷蒙德·罗维（Raymond Loewy）曾说过："好的设计应是上升的销售曲线。"
- 美国设计师查尔斯·伊姆斯（Charles Eames）夫妇认为："设计是一种进行的方式。""设计是行动的计划。"
- 意大利设计师埃托·索特萨斯（Ettore Sottsass）认为："设计对我而言……是一种探讨生活的方式，它是一种探讨社会、政治、爱情、食物，甚至设计本身的一种方式。归根结底，它是一种象征生活完美的乌托邦方式。"
- 法国设计师罗格·塔伦（Roger Tallon）认为："设计致力于思考和寻找系统的连续性和产品的合理性。设计师根据逻辑的过程构想符号、空间或人造物，以满足某些特定需要。"
- 法国设计师菲利普·斯塔克（Philippe Starck）认为："设计是拒绝任何规则与典范的，其本质就是不断地超越与探索。""设计是将欲望的冲动视觉化。"
- 日本设计师原研哉认为："设计是创造智慧和想象的容器，就是通过创造与交流来认识我们生活在其中的世界。""优良的设计师有企图地、有计划地编辑资讯，抓住事物本质，将各种资讯系统地构筑起来，再以美观、合理的外形将构筑好的资讯表现出来。"

- 日本设计师黑川雅之认为:"设计,只有从特殊的'自己'出发,才能让他人产生真正的共鸣。从特殊性出发,才能引起普遍的共鸣。"
- 澳大利亚著名设计师马克·纽森(Marc Newson)认为:"设计不应仅仅被视为商业口号,而应用来定义那些意味着品质和创新的事物。"
- 日本设计师佐野研二郎认为:"最理想的设计可以概括为三个词——Simple (简洁)、Clear(清晰)、Bold(夸张)。所谓设计,就是整理复杂的事物,使其形成一种明快的视觉效果。"
- 加拿大著名设计师布鲁斯·茂(Bruce Mau)认为:"设计是人类规划并实现规划的能力。""设计是计划并将预测的结果变为现实的人类能力。"
- 苹果公司总裁乔布斯(Steve Jobs)认为:"设计是人工创造的灵魂。"
- 美国知名设计师保罗·兰德(Paul Rand)曾提到:"设计的目的就是将'白话文变成诗'。"
- 国际著名设计师凯瑞姆·瑞席(Karim Rashid)认为:"设计就是生活的完整体验。"

此外,还有许多设计师常常会根据自身的经验和理解对"设计"进行生动的或比喻性的诠释。如:

- "设计是可见的希望。"——布莱恩·柯林斯(Brian Collins)
- "设计是上帝没来得及做的一切事。"——亚历山大·艾斯利(Alexander Eisley)
- "设计是发现你自己,并将自己描述给别人的方法。"——艾略特·诺伊斯(Eliot Noyes)
- "设计是人们使用的艺术。"——乔·达非(Joe Duffy)
- "设计是一个大(希望满满的)想法的视觉化表达。"——乔治·诺伊斯(George Noyes)
- "设计是最合理的自圆其说。"——顽石设计公司创意总监程湘如
- "设计是一种不断地被破坏与创新。"——知本形象广告公司经理蔡惠贞
- "设计是生活的哲学家……"——浩汉设计总监林炳昕

……

不同设计人对"设计"的理解可以看作是对设计含义的补充和扩展,这也表明设

计概念具有开放性和复杂性，以及明显的时代色彩和局限性。总之，设计不仅仅是一个学术上的定义，若要进行实际的设计创新，开展切实的设计工作，就必须从自己的角度给出"设计"的定义。也就是说，对设计的诠释应当是与时俱进，而不应当停留在一种固定和僵硬的状态，因为设计行为本就是与社会和时代紧密相连的。就本质而言，设计并不能够形成一个永恒不变的定义，也不必遵守一个被僵化的定义。对于实际的设计行为来说，保持设计知识的活化以及创新的敏锐度是非常重要的。

第五节 设计理念的转变

如果从史学或理论研究角度来看，广义的设计往往与"造物""发明""创造""创新"等联系起来，"一切人造物"都可以被看作是"设计"，而人类制造物品器具（包含艺术创作）的过程也都可以归为"设计"。也就是说，设计的起源与人类起源同步。但如此定义，设计的本质和特征将无法把握，设计的边界和具体范畴将难以界定。因此，我们所探讨的是具有现代概念的"设计"，是具有明显专业性和职业性特征的设计，其源流可以追溯到英国社会思想家约翰·拉斯金（John Ruskin）和威廉·莫里斯（Willian Morris）在一百五十多年前形成的"设计"的思想，这可以被视作现代设计的原点。现在，设计已转变为我们生活中不可或缺的一部分，与之相关联的经济、技术、社会和文化等都发生了巨大的变化，设计理念更为多元化和复杂化，设计呈现出前所未有的面貌和发展态势。总体来看，现代设计理念主要经历了如下几次较大转变：

一、形式追随功能

现代设计概念自产生之初就在试图平衡和解决功能与形式的关系。20世纪初，机械化生产取代了传统手工艺生产，导致设计与制造分离开来，改变了手工艺生产中创造和制作都出自工匠之手、功能与形式往往融合在一起的状况。而且，早期机械化批量生产的产品大多肤浅地模仿手工艺制品，导致粗制滥造、产品质量低下、装饰繁缛、单调而庸俗。因此，英国著名手工艺家威廉·莫里斯倡导回归手工艺传统，提倡艺术与技术相统一，主张产品形式适应产品功能，崇尚自然、简洁的美感，反对繁缛装饰（图1-6）。尽管莫里斯反对机械化生产有违社会发展趋势，但是其设计理念却被设计界广泛接受，也影响到后来包豪斯确立"形式追随

图1-6 工艺美术运动代表作品

功能"的设计原则。随着社会经济的发展和科学技术革新的加速，世界进入了机器时代，电报、电话、收音机、电视机等一系列新产品相继问世。这些产品的造型首先由功能决定，且无法套用传统产品式样，这就迫使机器制品摆脱传统手工艺品的造型手法，开始探索并应用自己的造型语言。在此背景下，现代主义设计运动开始以欧洲为中心向全球展开，并逐渐确立了现代设计的原则：功能第一，形式第二；注意运用新技术和新材料，反对沿用传统产品模式。这一原则与当时众多艺术流派所倡导的"功能追随形式"是针锋相对的。随着包豪斯的成立，格罗皮乌斯等人将现代设计理念带入工业生产中，崇尚在大规模生产中融入简洁的实用主义风格，并在教学中推行与实践这一理念。随后，一大批秉持创新精神的设计师通过教育、实践等活动进一步将其强化，并使之成为影响国际设计界的重要思想，至今发挥作用。

二、少即是多

"少即是多"（Less is more）是德国著名设计师密斯·凡·德·罗（Ludwig Mies van der Rohe）在1928年提出的功能主义美学思想，也是他一生所倡导并践行的设计哲学。"少"不是空白而是精简，"多"不是拥挤而是完美。"少即是多"强调形式精简到不能再精简，但并非空洞无设计，而是在追求精确、极致、完美的艺术效果的同时，提倡利用新材料和新技术作为主要表现手段进行形式创新。"少即是多"是针对当时建筑和设计界流行的烦琐古典装饰手法提出的，为采用工业生产技术进行建筑与产品设计提供了全新的理念。这一观念与当时包豪斯所推崇的以单纯几何形态为主要造型语言的现代主义设计理念是一脉相承的，它在建筑上表现为方体建筑、钢筋混凝土结构和大面积玻璃幕墙，在产品上则更多地表现为去除装饰、追求抽象的几何形态和工业材料以及具有激励效果的机械美学（图1-7）。"少即是多"的理念被现代

主义设计师们推
崇备至并充分演
绎，影响很快扩
散到世界各地，
最终在现代主义
风格转向极简主
义和国际风格的
过程中成为经典
口号。但部分功
能主义的追随者

图1-7　密斯的代表作品西格拉姆大厦和巴塞罗那椅

或模仿者未能理解"少即是多"的深层内涵，只是在外观形式上进行简单的模仿因
袭，甚至为了达到形式上的"少"而漠视功能需求。这导致大量作品流于形式化和
简单化，缺乏密斯作品中对细部结构的处理和早期现代主义乌托邦式的社会理想及
批判精神，从而使这一理念在后期开始背离现代主义设计的基本原则，仅仅在形式
上维持和夸大现代主义的某些特征。"少即是多"的观点也因此而饱受批评。

三、设计追随市场

　　20世纪20年代后期，美国工业迅速发展，标准化、流水线与科学化管理等生
产方法开始被引入企业并被广泛采用。在日趋激烈的市场竞争中，企业开始筹建设
计部门并与职业化的设计事务所合作，工业设计也由此开始在美国成为一种独立的
职业。第二次世界大战使美国成为了世界经济的领导者，消费品的需求和生产迅速
增长。大规模生产使得原本"奢侈"的工业产品能够被大众群体所消费，汽车和家
用器具等新产品不断涌现并进入大众消费市场，社会引导大众形成了"今天的产品
将在明天显得过时"的消费观念。制造商通过与设计师合作来迎合消费者的口味以
促进销售，甚至制造时尚以刺激需求和消费。在这一行为中，设计师的任务是与消
费者建立象征性联系，其主要关心的是如何使企业取得市场竞争的胜利。因此，设
计被看作是刺激消费、促进销售的一种手段，设计风格也以消费者喜爱的流行趋势
为主，带有浓厚的商业主义色彩，往往运用新奇、夸张、纯粹视觉化的手法来迎合
时尚潮流和大众审美，如流线型风格。图1-8为二战后美国典型的流线型汽车式样。
在商品经济规律的支配下，现代主义的信条"形式追随功能"被"设计追随市场"

图 1-8　美国流线型汽车式样

所取代。事实证明，美国的工业设计师与欧洲由建筑师和艺术家组成的设计团体的设计理念不同，他们更看重设计带来的市场商业效果和经济效益，以及设计产品的市场冲击性，而很少考虑设计的社会影响力与对民族传统的继承。这种商业行为主导下的，强调经济、实用和美观的设计理念也一直影响着美国对优秀设计作品的评价标准，并随着美国经济影响的扩大而波及全世界。

四、为"人"的设计

工业革命带来了诸多全新的机器和产品，人们通常难以凭借以前传统的方式来使用和操控它们，尤其是机械产品和电器。机械化与批量化生产方式使得设计与制作分离开来，产品造型受到技术和功能的限制。因此，早期的设计主要关注产品本身的物理形态，即用什么样的形式来满足产品功能，且利于机械批量化生产。虽然现代主义设计提出"形式追随功能"的理念，但其仍旧重视产品形态的艺术性和视觉美感，只是相对于传统手工艺的装饰美而言，现代主义设计更注重抽象的几何形态和材料本身的工艺美感。这在 20 世纪初的机器设计上体现得较为明显，也被认为是"人适应机器"。而随着工业技术的发展，汽车、飞机、内燃机车、电话、电灯及各种新的机器设备、家用电器层出不穷，人们使用和操控这些产品时遇到的问题明显增多，设计问题也更为复杂。使这些产品能够最大可能地满足人的使用要求变得异常迫切。而一战和二战中武器装备的操控效率问题也使得各国开始考虑"适应人的设计"，在此基础上，人体工学研究得到较大发展。二战结束后，科技迅猛发展，自动化技术、计算机技术、信息技术和新材料应用技术等的进步，导致越来越多的新产品问世，人与机器（产品）之间的"隔阂与矛盾"愈发凸显。人们很难再凭借本能的行为来操控和使用这些产品，而是需要经过必要的学习才能掌握，尤其是面对大量自动化和信息化的仪表盘、控制按钮和显示屏，人们被迫采用"机器语言"来进行人机对话。人体工程学的研究不再限于对人体生理尺度的测量与适应，而是结合心理学、行为科学和社会科学等学科的研究成果深入到思维和认知领域，为设计提供有效的数据支持。在此基础上，设计界也开始重新探讨设计的本质，逐渐形成设计为"人"而不是为"物"的理念，强调设计要以"人"为中心，产品的功能与造型应首先解决人的需求问题，而不能单是为了"美"。随着设计研究和实践的深入，设计先驱们所倡导的"设计的目的是人，而不是产品"的理念得到加强，推动了"以用户为中心"的设计被设计界广泛接受。

五、少即是烦

自包豪斯开始，现代主义设计运动由欧洲蔓延到美国、日本等地，逐渐发展成为西方国家 20 世纪 40 年代至 70 年代的主流设计风格——国际主义风格，在建筑设计、产品设计、平面设计等领域都处于主导性的地位。国际主义风格具有形式简单、反装饰、强调功能、高度理性化、偏爱几何形态、系统化的特点。随着单一化的国际主义设计风格在全球的泛滥，原来变化多端、丰富多样的设计风格被取而代之，这就造成了对多元设计文化探索的忽视。所有的商业中心都是玻璃幕墙、立体主义和减少主义的高楼大厦，简单而单调的平面设计，缺乏人情味的家具和工业用品，这些设计不但使使用者的心理需求被漠视，就连简单的功能需求也没有得到满足。到了 70 年代后期，设计界开始显现以改变现代主义的单调形式为目的的各种探索，并最终形成了后现代主义设计。在建筑和设计领域，美国建筑设计家罗伯特·文丘里在《向拉斯维加斯学习》中首先提出"少即是烦"的原则，强调设计不应该忽视、漠视当代社会中各种各样的文化特征，而应充分吸收各种文化的特点，进而从基础形式上挑战现代主义，并身体力行地进行建筑和设计实践。后现代主义设计以反现代主义设计艺术为思想基础，在设计方法、设计语言及表现形式方面体现出复杂多样的特征，出现了流派纷呈的各种设计模式。总体上讲，后现代主义设计的特点表现在以下几个方面：第一，反对设计形式单一化，主张设计形式多样化。第二，反对理性主义，关注人性。第三，强调形态的隐喻、符号和文化的历史，注重产品的人文含义，主张新旧糅合、兼容并蓄。第四，关注设计作品与环境的关系，认识到设计的后果与社会的可持续发展紧密联系在一起。后现代主义设计往往表现出对人性、幽默和自由的追求，在解决形态问题的同时较为关注人性需求、文化特征和环境关爱问题，这也是设计多元化形成的诱因（图 1-9）。

图 1-9　后现代主义风格设计作品

六、为真实世界而设计

20 世纪 60 年代后，全球工业化进程加快，经济快速发展且社会财富极大增加，人们在改善生活质量的同时对生活资料的欲求也明显加剧，自然资源、能源的消耗以及工业污染造成自然环境恶化，地球的生态平衡遭到严重破坏。而在此时，许多设计师们仍专注于产品的商业价值，缺乏社会责任感，一味协助企业鼓励并推动无节制的消费，通过快速更新换代使大量产品短期使用后即被废弃。在此背景下，环境问题开始进入设计的视野，一些设计师和学者开始重新思考工业设计的责任和使命。1961 年，美国生物学家雷切尔·卡逊（Rachel Carson）发表著作《寂静的春天》，首次提出了人类行为与环境诉求的矛盾。1972 年，罗马俱乐部在《增长的极限》报告中正式提出了可持续发展的思想。同期美国设计理论家维克多·帕帕奈克在其著作《为真实的世界设计》和《绿色律令：设计与建筑中的生态学和伦理学》中提出了"有限资源论"，首次阐述了绿色设计的思想理念。帕帕奈克强调设计师从事设计工作的社会伦理价值，倡导在考虑为大众服务的同时应重视地球资源的使用和环境保护问题。但是，直到 20 世纪 80 年代，绿色设计与可持续设计才受到普遍重视，1987 年世界环境与发展委员会发表了名为《我们的共同未来》的报告，1992 年联合国环境与发展大会通过了《里约环境与发展宣言》及《21 世纪议程》，逐渐使环境诉求与人类生存发展建立起紧密的关联，并提出了可持续发展的战略思想。在 1995 年的世界设计年会上，设计与变化中的环境意识、生态与生活、生态与工作成了设计师们讨论的中心议题。随后，生态设计、绿色设计、可持续设计及为自然而设计等以解决环境诉求为主并协调人与环境关系的设计理念逐渐得到关注和积极响应。图 1-10 为丹麦设计师洛伦森（Peter Hiort-

图 1—10 imprint 椅子

Lorenzen）和弗索姆（Johannes Foersom）采用一种木纤维材料（cellupress）代替塑料设计的 imprint 椅。

七、多元化设计理念并行

自 1990 年后，科技进步明显加速，人类社会开始进入互联网信息技术引领的全新时代，设计与技术之间的关系更为紧密。随着新材料的不断涌现和电子技术的进步，设计的限制明显减少，设计师在设计外观时具有更大的自由度，甚至跳脱了功能的限制。尤其是随着互联网、物联网和交互技术的广泛应用，"无形设计"或"非物质设计"的概念开始出现。设计界和企业逐渐意识到"用户需要什么"和"用户想要什么"之间的差异。用户购买产品的最终目的是功能的实现、需求的满足和问题的解决，而不是为了获得一件实体产品，也许用户真正需要的是一种服务或者体验。而且，新材料和新工艺的开发应用，为设计师提供了充足的空间来构思新造型和创造新形式。参数化模型、快速成型、3D 打印等技术已经重新构建起新的产品造型语言。自动修补技术可以通过控制产品的磨损来延长产品使用寿命。大数据、云端、工业 4.0、虚拟现实、人工智能等本属于科学技术领域的知识范畴，但随着设计与科技的交叉融合，设计师也不得不深入相关领域，运用全新的理念和方法来满足用户的需求。当人们在谈论"形态追随时尚""形态追随情感"以及"形态追随技术"这些理念的时候，设计已经悄然进入了全新的多元化时代，任何一种观点都能找到追随者和信奉者，而用户群体也在多样化的设计中极力寻找自己的需求和存在感。人性化设计、通用设计、交互设计、体验设计、服务设计等都在设计的视域之内，全新的理念和观点仍在不断充实和改变着设计的研究范畴（图 1—11）。

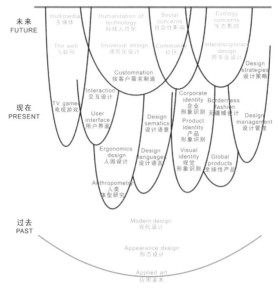

图1-11 设计研究领域的演变

第六节 审视设计

一、设计，让生活更美好

经过一个多世纪的发展，设计已成为社会进步与革新的一个重要组成部分。进入21世纪，设计作为引导生活方式和提高生活质量的重要利器，更是成为全球瞩目的焦点之一。当今，设计已渗透到社会生活的方方面面，人们的衣、食、住、行等领域无不充满了设计的印痕（图1-12），小到精美别致的打火机，大到优雅有序的城市环境，简单到服装上的一颗纽扣，复杂到翱翔太空的宇宙飞船，都是现

图1-12 现代设计在衣食住行方面的应用

代设计的成果。设计正在以一种全新的方式构建现代人类的生活面貌和行为模式，并且潜移默化地改变着人类自身的价值判断和审美思维。

设计是一种有意识、有动机、积极主观地解决功能问题、创造市场、影响社会、改变人们行为的创造性活动。从广义上来讲，设计活动一直伴随并影响着人类的生活。从最原始的劳动工具到现代的高档艺术消费品，从满足基本物质需求的到如今的纯精神满足，可以说，在人类文明的进程中，设计既满足着人类对使用功能的需求，同时也在满足着人类对精神功能的需求。在现代社会中，设计已成为一种人与人通过物进行交流的重要手段。

如果说，在刀耕火种的原始社会，设计只是为了人类的生存而存在，那么，在现代，设计的目的则是让人类生活得更美好。随着人类文明的进步、生产力的提高、物质的相对丰富，人们对生活质量的要求也越来越高。设计作为社会与环境的中介和纽带，深刻地影响着人类的生活。其主要体现在以下几个方面：

① 设计不断改变着人类的生活方式。人类的生活方式受生活器具、工具或物件的影响，设计正是通过对这些"物"的创新和创造而改变着人类的生活方式。从马车到汽车、从算盘到计算机、从蜡烛到电灯、从简陋木屋到摩天大厦、从手动到电动、从人工到智能和自动化……所有这一切，都在为我们展示设计所带来的新的生活方式和生活理念。

② 设计不断地改变着人类认识世界的观念。人类最初的交流是通过简单的肢体动作来完成的，之后发展到语言、文字。现在，人们可以通过形式多样的现代科技手段进行广泛的交流，如互联网、无线通信等。通过先进的交通工具，我们可以用很短的时间到达目的地；通过一部电话机，人们可以相隔万里听到彼此的声音；在互联网上，人们可以查阅千里之外某图书馆的藏书。世界早已经不再是古代人所认知的"天圆地方"，随着科技与设计的发展，它正在逐渐变小，人类认识世界的观念也在随之发生着改变。

③ 设计引导人类精神文明迈向更高的境界。现代设计所追求的是技术与艺术、功能与形式的统一，其不仅要满足使用功能上的需求，同时也要关注审美、文化等精神需求。一个好的设计作品往往在为人们带来便捷、乐趣的同时，也在唤起人们对审美和文化的认知。设计正是通过产品的外在形式使人们在精神上得到满足，从而引导人类精神文明迈向更高的境界。

总之，科学与技术为人类提供了丰富的物质基础，设计则最终将其转化为可

图1-13　阿莱西经典产品

供人类享用的成果，使生活变得越来越丰富多彩。也因此，人类的思想愈加解放，审美意识不断提高，想象力和创造力得到激发，不断地创造更美好的生活。

二、设计、品牌与文化

在经济全球化日趋深入、国际市场竞争激烈的情况下，设计已成为现代企业发展的核心动力之一。美国的苹果、谷歌，日本的索尼、松下和东芝，韩国的三星和LG，以及我国的华为、海尔、联想、美的等诸多企业都把设计作为核心竞争力之一。设计被他们视为摆脱同质化竞争、实施差异化品牌竞争策略的重要手段。素有"设计梦工厂"之称的意大利著名企业阿莱西更是将设计摆在了企业发展的首要位置（图1-13）。

美国哈佛商学院的海斯教授曾经预言："企业以前是价格的竞争，现在是质量的竞争，今后是工业设计的竞争。"现在看来这已经成为现实，现代企业竞争已经由价格和质量的竞争转变成设计的竞争。以目前国际、国内家具市场最主要的竞争要素的递变过程为例，设计、品牌和文化已成为企业竞争最主要的要素（图1-14）。而这三项又是以设计为手段、以品牌为轴心的一个大文化或广义文化的概念。所以，家具企业在市场要想有竞争力，要想创造自己的品牌，其唯一途径就是设计，只有依靠设计才能创造出品牌的差异性和特色。其实，不光是家具行业，手机、电视机、电冰箱、汽车、饮料、电脑、化妆品等绝大多数行业也都是如此。

设计已经成为一个企业生存、发展的重要动力，也是检验一个企业的活力与实力的关键因素，在国际市场竞争中扮演着越来越重要的角色。设计作为最活跃的因子，是企业创新的重要方式之一。产品设计师以设计为手段，在对市场、企业文化深刻理解的基础上，利用其正确的前瞻性，大胆运用新技术、新材料，为企业创造独一无二的产品，从而帮助企业实现产品差异化，塑造企业品牌，构建企业文化。韩国三星在其发展的三大战略（改进企业管理层、树立全球化观念、重视设计的价值）中，把"重视设计的价值"作为"树立全球化观念"的一个重要手

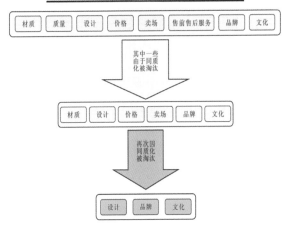

图 1-14　目前国际、国内家具市场最主要的竞争要素的递变过程

段，并将其应用于"改进企业管理层"中。三星运用世界最先进的设计管理系统，大大增加了工业设计师在产品开发、营销等领域的参与度。在三星，设计被提高到了一个核心的高度。苹果公司是重视设计的另一个典范，在市场低迷的时候，是设计使公司重新站起来。iMac 电脑终端一改以前苹果沉闷、单调的设计，大胆运用新材料、新色彩、新视觉语言，通过利用人机工程学、社会心理学、认知心理学，创造出具有开创意义的新产品（图 1-15）。产品的差异性使得苹果的品牌形象鲜明，并形成了具有独特个性魅力的品牌文化。

现代企业在经济全球化的趋势中面对的不再是孤立的、独占的市场，而是开放的、共同的市场；企业参与竞争所凭借的也不再是降低能耗、缩减成本所形成的价格优势，而更多的是依靠设计所构建出的品牌形象和企业文化，以赢得消费者。可以说，设计是品牌与文化的实现手段，品牌是企业的物化符码，文化是企业的核心内涵，这三者最终决定着企业的生命力和竞争力。

图 1-15　苹果 iMac 系列电脑

三、设计，从价值到战略

对企业来说，创造价值或盈利是最本质的追求。最初，设计被看作是人类最基本的造物行为，而在现代则被视为企业竞争的利器。这种定位的变化正是由于企业意识到并发现了设计所蕴含的巨大价值。设计带给企业的最突出的价值便是经济价值，或称为功利价值。通过设计行为的开展，企业获得了丰厚的附加值和利润，设计成为推动企业发展的重要手段之一。此外，设计的价值层面也渗透到了"产品—商品—用品—废品"的整个产品循环体系中，涉及经济、技术、文化、社会等诸多方面。设计的价值在科技发展、市场整合与竞争加剧的过程中逐渐得到拓展并突现出来。企业在竞争中也都通过大打设计牌拉近其与消费者的距离。

在设计的过程中，如何选择合适的材料、加工工艺，以最节省的用料在短时间内生产出具有高性价比的产品，即如何以最低的成本收获最大的经济效益，是设计经济价值最直接的体现。而对"人—机—环境—社会"系统中种种问题的关注，以及通过技术手段把人的创造思维转变为实体的产品，在产品设计中注入人文理念，则属于设计的人文价值。此外，设计在促进盈利和解决问题的同时，也在改善着产品—人—社会之间关系，传达着和谐、人性化、可持续发展等理念。可以说，面对如火如荼的国际化市场竞争，设计在产品化进程中有着无法量化的社会价值。

随着设计价值的不断扩展，设计在企业与市场竞争中所扮演的角色也逐渐发生变化。设计从生产环节拓展到管理层面，逐渐成为企业发展的战略要素。从产品开发策略、企业发展规划到生产、销售等环节，设计所起的作用越来越突出，并受到众多知名企业的重视。飞利浦在设计战略上提出了"一个设计"（one design）的理念，即一切服务与设计相连；阿莱西则把设计作为企业的"核心竞争力"。此外，在苹果、IBM、索尼、三星、LG、B&O等著名公司的发展战略中，设计都被视为第一战略要素。

四、设计，戴着镣铐的舞蹈

从广义上讲，设计是一种人类活动，是人类造物的重要技巧。从专业的角度来看，造物活动并不等同于设计，要做好设计并不是一件容易的事。随着设计学科的逐渐成熟，设计的理论、方法也愈发系统化、专业化，设计逐渐成为专业人士从事的活动，被界定在了固定的范畴之中。

设计在本质上常被视为一种纯粹为了人类目的而做的改变，这从根本上确定了设计的目的性和客观性。现代设计"以人为本"的理念使设计的目的性更加明确，并成为设计与艺术最重要的理念分歧。正如布鲁斯·阿切尔所说："设计是一种目标导向的问题解决活动"，即设计从一开始就被戴上了"目的"或"有用"的镣铐，于是，整个设计过程成了"戴着镣铐的舞蹈"。

从理论上讲，设计的方法应该是无限的。但实际设计过程中，由于目的性与问题的存在，设计必须要考虑众多影响因素和限制条件，如必须进行设计调查、技术分析、人机因素分析等，同时，设计还必须尽量平衡各方需求，如技术、材料、生产限制、市场考量及人性因素（即使用者的生理及心理特性）等。所以说，由于设计本身包含着一定的角度和出发点，设计也就必然存在着限定性。也正是这种限定性的存在，使得设计具有了区别于纯艺术的理性特征和功能价值。

五、设计，没有终点的过程

英国学者雷切尔·库珀和迈克·普瑞斯在其合著的《设计进程——成功设计管理的指引》中指出了设计的本质，即解决问题的过程。现代企业对设计的看法尽管存在差异，但通常认为设计不只是风格或精明的概念想法，也不是一项孤立的活动，而是一种程序。设计将企业的潜能与消费者需求联结起来，是一种位于创新核心（即位于企业核心）位置的活动过程。

通常意义的"过程"是指单向的或单一维度的、由起点到终点的自始至终的过程。一般设计过程可被分解为定义问题、了解问题、思考问题、发展概念、设计细部及测试、解决问题等。但现代设计所涵盖的内容和领域逐渐跨越产品的整个开发与生产过程，成为连续、循环的过程。设计从产品开发的策划阶段开始，就通过调研和信息资料的收集来与过去的设计系统相结合。在确定设计方案并进入生产销售阶段后，设计也由具体的设计活动进入设计规划和设计反馈阶段，继续为新一轮的设计过程做前期准备。因此，英国管理学院的教授比尔·霍林斯（Bill Hollins）提出了"全设计"（Total Design）概念，将设计过程定义得更加广泛，更具整合性。他认为设计过程中应参考市场拉力及技术推力等指标，强调其涉及多重专业和需反复进行的本质，并解释设计的目的不仅在于生产产品或服务，还包括超越生产制造的产品废弃处理等内容。"全设计"将市场研究、行销策略、工程、产品设计、生产计划、配售及环境监控等整合成了一个循环模式（图1—16）。

可以说，设计是一种过程，而且是没有终点的过程。

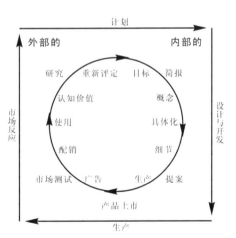

图1—16 企业管理中的整体设计流程

第二章 | Chapter 2

设计什么

设计什么？什么需要设计？

设计师或是准备从事设计的人，总是在思考和寻找设计的对象，期望通过自己的构思和创意来解决问题，并以完美的方案或作品呈现出来。通常，我们认为设计无处不在，生活本身就是设计的起源地，生活中的一切都来自设计，也都需要设计。我们身边的所有事物都值得被重新思考和再设计，现有的物质世界远没有达到完美状态。但实际上，当我们开始着手设计时，却又发现一切似乎已经"变无可变"，或者"就应该是那样的"。类似的问题常常萦绕在设计师头脑之中，令其无从下手，无处着力。定势思维往往会限制创造性思维的发挥，设计师需要突破定势，拆掉思维里的"墙"，回到事物的原点来重新思考并提出全新的构想和创意，最终找到解决问题的最佳途径。设计，是一种"从无到有"的建造式过程。正如美国经济学家赫伯特·西蒙所提及的："自然科学关注的是事物是怎样的……设计关注的是事物应该是怎样的。"

第一节　设计的类别

随着经济的发展和人们生活需求的不断增长，现代设计已渗透到社会生活的各个方面，从圆珠笔到摩天大楼，从香水瓶到豪华游轮，从文字海报到视觉形象系统，从界面图标到交互系统……设计涉及的领域相当广泛，可以说，设计无处不在，无所不包。就现代设计的分类方式来看，人们主要是从设计的本体、设计的客体和设计的主体三方面进行划分的。

一、从设计本体分类

所谓设计本体，指的是设计行为或设计活动本身。按照设计本体分类，即是根据设计方式或设计过程的不同进行分类。现代企业常常采用这种分类方式来定义其产品开发与设计项目。设计从本体出发一般可以分为开发设计、改良设计和概念设计三种，每一类别根据其具体的设计方法又可进一步细分。

1. 开发设计

开发设计一般指对未曾生产过的产品进行研究、创新、设计、试制和检测等工作。开发设计并不等同于发明和发现，其通常是指在现有技术水平和生产能力的范围内，对产品进行创新性再设计。索尼公司的 walkman 个人随身音乐播放器就是最具代表性的开发设计案例，其在原有收录机技术的基础上，根据用户的适用情景对使用方式进行了开拓性的创新（图 2-1）。另外，2007 年苹果公司发布的 iPhone 智能手机，彻底改变了键盘式手机的面貌与操作方式，多点触控、独立系统和自由添加应用程序等功能也首次在手机上得到应用（图 2-2），这也是开发设计的典型案例。根据开发方式的不同，开发设计又可以分为新用途开发设计、新技术开发设计、新工艺开发设计、新材料开发设计等。开发设计通常是在了解消费者需求的基

图 2-1　索尼早期的收录机与 walkman

图 2-2　苹果 iPhone 系列手机

础上，提高并改进现有的技术水平，并有效利用各类资源对产品进行再设计，以创造新的生活方式。

2. 改良设计

改良设计是指在原有产品的技术、工艺基础上进行的性能、机能或外观上的改进和改造。通常情况下，改良设计针对功能、市场都已经非常成熟的产品。这类产品的使用功能已为市场和消费者所接受，有些甚至已投放市场很多年且技术与工艺也趋向成熟。如手机、数码产品的型号更替，基本都是在原有产品基础上的改良（图 2-3）。改良设计根据内容的不同又可细分为产品功能改良设计、产品性能改良设计、产品人机工学改良设计、产品形态和色彩改良设计等。此外，增加原有产品的花色、品种、规格，或者说为原有产品开发新花色、新品种、新规格、新造型、新包装等也属于产品改良设计的范畴。

图 2-3　索尼的 P 系列数码相机

3. 概念设计

概念设计是指针对某一内容或问题进行创新性的概念构想，形成一种前期的设计方案。这其实是利用设计概念并以其为主线贯穿全部设计过程的设计方法。尽管概念设计尚未形成具体化的设计纲要，但已呈现出完整的设计过程，将设计者繁复的感性思维和瞬间思维上升到统一的理性思维。概念设计是设计院校课程训练中经常采用的课题设计方式，许多企业也通过概念设计为产品开发进行设计储备。如本田公司持续关注城市通勤车辆的概念研发，先后发布多款具有前瞻性的微通勤概念车辆设计（图 2-4）。

此外，从设计本体出发，还可以依据设计的具体方式和理念将其分为绿色设计、通用设计、仿生设计、人性化设计、系统设计，等等。

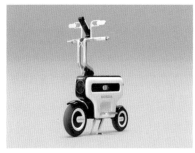

图2-4　本田公司的城市通勤概念车

二、从设计客体分类

设计客体即设计对象，简单地讲，就是设计的内容、课题和项目等。设计客体涉及的范围是非常广泛的，几乎涵盖了与人相关的一切事物。因此可以说，一切事物都有可能成为设计的对象或目标。尽管如此，设计分类通常是针对主要的应用领域来进行的。根据具体的设计对象，可以将设计内容有针对性地具体化，这对于深入、全面地研究某一领域的设计方法和理念是十分必要的。因此，设计界通常采用此种分类方法来界定设计的内容和领域，将其分为工业产品设计、纤维织物及日用品设计、机械产品及手持工具设计、家用电器及电子产品设计、家具设计、包装设计、装潢设计、环境设计等。

认识设计客体的角度不同，也会造成分类方法上的差异。根据对设计客体的不同研究方向，可以将设计进行如下几种分类：

① 从设计对象的形式和目的出发，可以将设计分为流行产品设计、非流行产品设计、工业性建筑设计等。

② 从客体服务的对象类别出发，可将设计分为：

• 以消费者为对象的产品，如家具器具等。

• 以商业、服务为对象的产品，如办公设备。

- 以生产为对象的产品，如机床。

- 运输机器设备，如汽车、机车。

- 日本设计教育家向林周太郎站在设计的对象物是整个人类的生活环境的立场上将产品分为：

- 几何学的机器。这是最简单的机械，其构造是几何形态，如桌子、杯子等。

- 强度交换机。这种机械虽包括力或能的转移，但不具备能的种类的交换功能，如镜头、齿轮等。

- 能源交换机。主要指将某种能转换成其他能的产品，如水力发电机等。

- 信息机器。如电话、计算机等。

- 一系列的疑似机械。如服装、体育用品等。

每个人认识事物的角度不同，对设计的分类方法也各不相同。理论家们提出了许多不同的观点，其中比较有代表性并被国内设计行业广泛采用的是日本设计教育家川添登的分类方式。川添登以构成世界的三大要素——人、自然、社会为基础，根据设计的不同目的，将其划分为三个领域：产品设计，探讨人类与自然的关系；视觉传达设计，探讨人类与社会的关系；空间或环境设计，探讨自然与社会的关系。这种划分方式较为明确地体现了不同设计领域的特性和包容性，并且有利于不同设计领域的共性与规律性研究。如图 2-5 为以川添登的观点为基础的设计领域的划分及其与其他学科领域的相互关系。

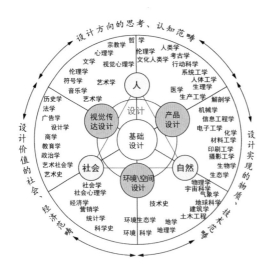

图 2-5 设计领域的划分及与其他学科领域的相互关系

① 产品设计（Product Design）以"用"为设计目的，制造适当的产品，以作为人与所属社会间的精神媒介。这里的"产品"是广义上的产品概念，即产品是由各种材料以一定的结构和形式组合起来的、具有相应功能的系统。产品设计的内容主要包括：工业产品设计、家具设计、机械设计、手工艺品设计、服装设计、纺织设计、地毯设计、壁纸设计、日用品设计、电器与电子产品设计、交通工具设计

等。在本质上，各种产品设计都是为了满足人类生活的需求，这些需求包括功能性需求（包括物理功能与心理功能）、审美性需求、经济性需求，以及创造性和适应性需求等。

图 2-6 美国艺术中心设计学院的产品设计作品

② 视觉传达设计（Visual Communication Design）是指利用视觉符号进行信息传达的设计，以传达为设计目的，呈现出良好的信息，作为人与所属社会间的精神媒介。现代视觉传达设计主要

图 2-7 LG 公司的产品设计获奖作品

包括：广告设计、标志设计、包装设计、字体设计、书籍装帧设计、插图设计、展示设计和影视设计等。

③ 空间或环境设计（Space Design & Environment Design）把人类生活的空间或环境作为对象而进行设计，以居住为设计目的，构建和谐的空间和环境，作为自然与社会的物质媒介，是综合自然、社会、人文等因素进行的整体设计。其主要包括：城市规划设计、景观设计、建筑设计、室内设计等。空间或环境设计主要关注人、建筑、环境三者之间的相互关系，以构建和谐统一、美好舒适的人类活动空间和生存环境为目标，尤其是在人类生存环境日益恶化的今天，人与环境的关系显得更为重要。

三、从设计主体分类

设计主体是指从事设计的单位和个人，也就是进行设计活动的企业、部门及研究、教育机构等。尽管在设计对象上差别不大，但不同设计主体的设计认知、研究、方法以及理念等都存在着差别。因此，设计界通常存在着学院派和企业派等的区分（图 2-6、图 2-7）。设计是"为人造物"的活动，也是"人为造物"的活动，因此设计主体的意识、观念、逻辑、知识、技能、审美趣味等都会对设计产生影响，决定着设计的最终状态和形式。设计主体主要可以从地域和职业两个方面进行区分。设计主体的设计行为通常受到地域文化的影响，表现出地方性特征，如北欧风格、意大利激进主义、德国理性主义、日本风格，等等。这种区分方式通常可以从宏观上和整体上把握一个地区的设计特征或设计文化。从职业上进行划分，则是根据设计师所在行业的特征来区分具体的设计活动。总体来看，可以分为驻厂设计师或企业内设计师、自由设计师（个人设计师）、设计团队（专业设计公司、设计院的设计师）、设计教育者（从事设计教育、培训与理论研究的设计师）及设计专业的学生等。从设计主体的职业上进行区分，能够很好地把握一个团队或组织的设计风格、特征以及创新实力等。知名的企业设计团队有苹果公司创新设计团队、三星工业设计团队、宝马设计团队、海高设计团队等；青蛙设计、IDEO、美的设计、浩汉设计等则是业界具有相当影响力的专业设计公司；而像菲利普·斯塔克、马克·纽森和意大利阿莱西公司的理查德·萨伯（Richard Sapper）、蒙蒂尼（Alessandro Mendini）、吉奥万诺尼（Stefano Giovannoni）等人既受雇于某个公司，同时也是著名的自由设计师；此外，设计院校在进行设计教育的同时，也承担着众多的设计任务；而各种形式的研究所、设计院及工作室作为主要的设计机构，在国内表现得尤为突出。

设计所涉及的领域不断扩展，而且与其他学科和知识领域之间的边界逐渐趋向模糊化。设计已经从 20 世纪初的边缘学科演变为一个涵盖众多领域和知识层面的重要学科，其思维方式的独特性也越来越受到重视，甚至与科学和艺术并列，被称为"人类的第三种智慧系统"。设计由针对产品造型的实践与认知活动提升到生活方式设计、文化模式设计及系统设计的高度，并以创建"人类合理、健康的生存方式、生存环境"为目标。以此观之，设计的类别划分其实只是阶段性的区分，或方便设计实践行为的划分。从宏观上来讲，不同种类的设计是相互融通的，是彼此交叉整合在一起的，设计师在设计的过程中不应受界限划分的限制。

第二节　产品设计课题

产品设计课题是设计主体（企业、设计团队、设计教育部门及设计组织等）为了某一目标而确定的产品设计计划及研究内容，即产品设计项目或产品设计开发计划。产品设计课题的确定不是随意、盲目的，而是经过了详细的前期调查和分析。对于企业来说，产品设计课题选择的正确与否，直接关系着最终产品的营销状况。企业的产品设计课题是根据经营方针和发展战略、规划确定的，并且与企业的发展目标、品牌理念及生产条件等密切相关。院校及其他设计培训机构、研究部门的产品设计课题则相对多样，既有与企业的开发策略和方针一致的产品合作开发设计项目，也有从教育、研究的角度进行的，基本上不存在功利性目的的主题性课题，如生态设计、绿色设计等。

一、确定产品设计课题的目的

企业制定产品设计课题主要是为了在市场竞争中生存与发展。产品作为企业与消费者的联系媒介，是企业价值的体现者。企业必须根据发展战略制定相应的产品设计课题，不断开发出新产品，其主要目的在于：

① 创造新的生活方式。

② 满足消费者的需求。

③ 拓展企业产品线（企业生产产品的品种数目或产品系列数目），获得新的产品订单。

④ 增强企业竞争力，提高市场占有率。

⑤ 提高产品的技术、质量水平，保持技术的先进性。

⑥ 在维持固定顾客的基础上获得新的顾客。

⑦ 增强企业产品识别度，提高品牌知名度。

⑧ 使促销活动更为灵活。

⑨ 使产品开发中的不确定因素及风险降到最小程度。

⑩ 使产品开发中的各类资源得到有效利用。

院校及其他设计培训机构、研究部门的产品设计课题则主要是出于教育与研究的目的，通过设计课题来实际应用或检验某种设计理念、方法。此类课题的设定一般较注重设计本身所传达的理念以及方法的合理性，强调设计的科学性与系统性，其定位超越功利思想，而注重人本思想和伦理价值。此类课题的主要目的在于：

① 创造新生活方式。

② 拓展产品设计应用领域。

③ 传达设计理念。

④ 探索可行的设计方法及理论。

⑤ 加强创新思维的开发与运用。

⑥ 培养设计师的社会责任感与专业素养。

⑦ 推动产品设计教学与学科建设。

图 2-8 戴森公司的手持吸尘器（上）和无扇叶风扇（下）

图 2-9 苹果 iPod 系列产品

二、产品设计课题分类

产品设计课题随着设计主体、设计目的的变化而变化，在不同时期、不同地区和不同的设计领域，产品设计课题的内容也存在着一定的差别。从制定课题的设计主体来区分，主要有企业的设计课题、院校的设计课题和其他组织的设计课题。而根据设计与研究方式的类型，产品设计课题又包括以下几种形式：

1. 创意、创新、创造

此类产品设计课题以创造新的生活方式为目的（图 2-8）。产品设计往往在实现功能的同时追求精神上的满足，设计重点也由产品本身的技术问题转向人的生活方式和生活品质。此类课题通过对产品功能、技术、造型、结构、色彩、材料与工艺、使用方式等诸多方面的重新思考与再设计，形成具有创新意味的新产品。

2. 改进、改良、改造

此类产品设计课题以满足消费者多样化的消费需求为目的，是现代企业最主要的产品设计内容。其设计重点是对已有产品进行局部细节或性能上的改进和改造，如花色、型号、配件、质量、性能参数等。新产品应与老产品基本上形成系列，以满足不同层次的消费者的需求。如苹果公司每年都会根据用户需求的变化更新产品性能或外观造型，形成系列化的产品（图 2-9）。

3. 研制、研发、研究

此类产品设计课题通常以技术为
驱动，以开发全新功能的产品为主要
目标。其设计重点是对设计过程中的
具体问题进行科学性的量化分析，并
应用最新的技术条件开发、研制相关
产品，从而使该产品拥有较高的市场
占有率。这也是众多国际企业十分重
视该类课题的原因所在（图 2-10）。

图 2-10 谷歌公司研发的智能眼镜和无人驾驶汽车

第三节 产品的类型

一、产品整体概念

产品是人们生活中不可或缺的事物，其概念范畴也随着人们生活方式的变化
而逐渐发展和延伸。人们通常理解的产品是指具有某种特定的物质形状和用途的物
品，是看得见、摸得着的东西。法国美学家拉罗（C. Laro）就认为，产品的形式是
材料和结构的外在表现，产品是由线条、色彩、形体等在产品外部可以直接感知的
物质属性所构成的整体。从消费者的角度看，广义的产品是指人们通过购买而获得
的能够满足某种需求和欲望的物品的总和，它既包括具有物质形态的产品实体，又
包括非物质形态的服务。产品可以满足消费者的期待、需求，它不仅带来了产生于
物质产品及温馨服务的满足，而且还带来了个性的创见或感官的满足。从企业角度
讲，产品则是指根据消费者所给予的价值而满足其相应需求的综合物。当然，企业
制造产品的目的是通过实现产品的使用价值来获取利润，所以，任何产品都具有社
会性、时间性和审美疲劳性。由此可见，产品整体概念是指能够提供给市场，被人
们使用和消费，并能满足人们某种需求的任何东西，既包括有形的物品，也包括无
形的服务、组织、观念或它们组合而成的系统。

一般来讲，早期工业设计或产品设计所关注的是实体性质的事物，设计的内
容也集中在实体物的外观、结构、材料与工艺等视觉形式上。然而，随着经济和市
场的变化，产品整体概念不断演化发展。从市场营销学来看，产品整体概念是对市
场经济条件下产品概念的完整、系统、科学的表述，根据其内容延伸程度往往可区

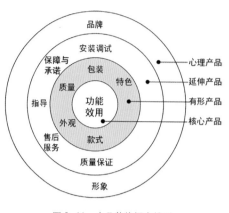

图 2-11 产品整体概念模型

分为不同的层次结构。如贝内特（Peter Bennet）的三角形的两层次模型、库尔茨（David Kurtz）和布恩（Louis Boone）的正方形的两层次模型、科特勒（Philip Kotler）的三层次模型和后来修改的五层次模型、莱维特（Theodore Levitt）的四层次模型。现代市场营销学理论认为，产品整体概念可区分为四个层次，即核心产品、有形产品、延伸产品和心理产品。其关系表述如图 2-11 所示。

① 核心产品是指整体产品提供给购买者的直接利益和效用，是消费者真正要买的东西，因而在产品整体概念中也是最基本、最主要的部分。消费者购买某种产品，并不是为了占有产品本身，而是为了获得能满足某种需要的效用或利益。如购买自行车是为了代步，购买电话是为了通信和联络，购买音响是为了获得美好的听觉体验……

② 有形产品是核心产品借以实现的形式，即向市场提供的实体产品和服务的形象，它在市场上通常表现为品质、外观特色、式样、品牌名称和包装等。产品的基本效用必须通过某些具体的形式来实现。即使是纯粹的服务，也具有相类似的形式上的特点。这是工业设计师或产品设计师在产品开发中应关注的重点部分。

③ 延伸产品是指顾客购买有形产品时所获得的全部附加服务和利益，包括提供信贷、免费送货、质量保证、安装、售后服务等。附加产品的概念来源于对市场需求的深入认识。因为购买者的目的是满足某种需要，因而他们希望得到与满足该项需要有关的一切。美国学者西奥多·莱维特曾经指出："新的竞争不是发生在各个公司的工厂生产什么产品，而是发生在其产品能提供何种附加利益（如包装、服务、广告、顾客咨询、融资、送货、仓储及具有其他价值的形式）。"

④ 心理产品指产品的品牌和形象提供给顾客的心理上的满足。产品的消费往往是生理消费和心理消费相结合的过程，随着生活水平的提高，人们对产品的品牌和形象看得越来越重，它们已成为产品整体概念的重要组成部分。

工业化时代向信息化时代转型的过程中，产品整体概念不断外延。产品概念由物质性转向非物质性，有形的产品和无形的服务逐渐融合为整体概念。产品设计涉及的学科日益增多、领域日趋扩大并且相互交融。从设计行业的发展来看，产品设计不再只是关注实体产品的外观、结构、材料与工艺等视觉形式，也逐渐深入到界面、交互、体验及服务系统等无形或非视觉内容中。产品设计一般可以分为实与虚两个部分。一是实体物，即物质化产品，如通常所见的各种工具、用品、机器等。这部分产品按照用途还可划分为消费性产品和生产性产品。二是无形物，即非物质产品，如意识形态、文化和思维构成的管理、机构、服务等。

二、产品、商品、用品和废品

随着人们利用与介入程度的改变，物品自身的定义与价值也在发生着变化。从生命周期来讲，一件产品从生产到废弃可分为四个阶段：产品——制造阶段、商品——流通阶段、用品——使用阶段、废品——销毁回收阶段（图2-12）。从不同阶段的设计语意来分析产品，可以让我们换位思考，进而从不同的角度理解产品的意义与价值。完成产品的过程包括研究与开发、设计与制造；完成商品的过程包括定价上市、营销与推广；完成用品的过程主要是用户的学习与认识、使用与评价；最终，完成废品的过程是贩卖、贬值或者再利用。以上每一个过程里都蕴含着丰富的、有价值的设计资源，无论对使用者还是设计者来说，良好的洞察力都有助于获得全新的生活体验与可能。

1. 产品

如前所述，产品基本上包括了人类制造的一切物品，不论是手工打造的还是机械化生产的。而且，随着科学与技术的发展，产品的概念也逐渐拓展和延伸，越来越多的不具有实体形态的产品被开发设计出来。同时，产品设计的内容也随之发生变化，如信息产品、交互界面等的出现，而设计的方法和表现方式也相应有所调整。当然，不同的学科和领域所理解的产品概念也有所差别，对于工业设计来说，产品通常是指工业批量化生产并提供给市场销售与顾客消费的物品。

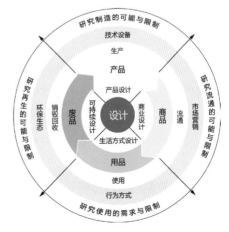

图2-12 设计研究与产品生命周期四阶段的关系

2. 商品

商品是指用于交换的对他人或社会有用的劳动产品，具体而言，商品是在市场上承担一系列购买与销售的服务行为的载体。从设计的角度来看，产品进入流通阶段就成为商品，而随着产品的商品化，产品的价值和意义也随之转变为商品的价值和意义。商品所关联的人群包括经销商和消费者，二者处于商品交换的两端，他们对商品语义的解读也不同。经销商将商品看作价值的来源，而消费者却希望从中获得理想的使用价值。正是这种需求的不同，促使企业和设计师进行新产品的研发和设计。

3. 用品

用品是生活中为我们提供帮助的物品与服务。人们的生活离不开各种各样的用品，吃、穿、住、行无不如是。当然，人们的生活方式不断改变，用品也随之变化。用品的使用过程会让我们感觉到愉快或者不愉快，方便或者不方便，每种用品对应着一定的功能需求，并有相应的形态表现，不同的消费者对用品的造型、材料、工艺和装饰的认知与理解也不相同。这就需要设计师充分考虑用品的使用情境和用户的实际需求，同时创造性地探索新的生活方式，解决生活中的实际问题，并通过运用新技术和新材料等手段，拓展人们的用品系列，使生活质量得到改善。因此，设计一种与众不同的生活始终是设计师的追求。

4. 废品

废品，即无用的产品。通常人工制品都有一定的使用寿命和生命周期，尤其是工业产品，如各种塑料制品、金属制品等。导致产品废弃的原因，一方面是材料本身的老化，另一方面是产品使用过程中的磨损和消耗。废弃后的产品不仅仅造成资源的浪费，如果回收不力，还会对自然环境造成严重破坏和污染，这也是当前全球面临的严峻问题之一。因此，设计界提出绿色设计和可持续设计的理念，尽量从产品的整个生命周期来考虑，即由传统的"从摇篮到坟墓"模式转向"从摇篮到摇篮"模式。在产品设计之初，就考虑产品报废后的回收、再利用以及废弃处理等问题，尽量采用可再生、可循环材料，减少废品对生态环境的污染和破坏。

三、产品的构成要素

一件完整的产品不是孤立存在的，而是由多种要素构成的。随着时代的进步，产品设计领域不断拓宽，其构成要素也随之发生变化。为了明确各构成要素在整个产品设计过程中的地位，以及每个设计环节所关联的要素，可以将产品的基本构成要素和一般的产品设计程序进行关联性分析（表2-1）。

设计要素＼设计程序	认识问题	设计目标	程序设计	构思资料	分析	综合化	展开	设计定案	结果汇总	结果研究	评价	传达
环境	●				·	●						
人因	●				●							
机能	●				●	●						
机构/构造					●	●	●	●				
技术					●		·	●				
形态		●	·	●	●	●	●	●		●	●	●
材料/加工						●		●				
经济性						●				●		
尺度					●					●		
色彩							·	·		●		
专利				●	●							
法令/法规				●	●	·						
市场	●			●	·	·				●		

表2-1 设计要素与设计程序的关系

1. 人的因素

人的因素主要包括生理因素和心理因素。此处的人主要是指用户、消费者。人类的生理要素主要包括人的形态和生理方面的特征，如人体的基本尺寸、体形、动作范围、活动空间和行为习惯等，这些因素影响着产品的功能实现、操作便捷性及使用安全性等。人类的心理因素主要指精神方面，由于国家、民族、地区、时间、年龄、性别、职业、文化层次等的不同而相异，影响着产品的形态、色彩与质感等与视觉美感相关的设计内容。诚然，设计是为人服务的，也是为了满足人们的需求而存在的。因此，对于人的因素的关注也就成为设计分析阶段的重要内容。

2. 环境因素

环境和生态已成为现代产品设计必须考虑的因素之一。当经济利益和生态环境发生冲突时，设计需要站在保护环境的立场上，将产品开发置于人—自然—社会的体系中加以考虑。设计中的环境因素主要有两种：一种是对设计对象产生某种直接影响的要素，另一种是包围设计对象的要素。前者指围绕"人—产品—环境"这一系统的诸多要素，如技术、功能、人的机能、结构、材料、加工工艺、经济、形态、色彩、法规、专利、作业、自然环境、市场等。它们之间的关系如图2-13所示。后者则是指设计对象与其相关联的使

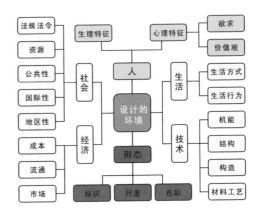

图2-13 设计环境及其构成要素

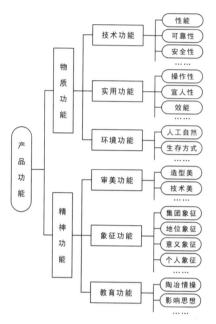

图 2-14 产品功能因素的构成与性质分类

用环境、放置空间等的和谐程度。

3. 功能因素

设计中的功能一般指实用功能，即所设计的产品在达到其目的时的作用，这是产品设计的核心之一。通常，设计过程中除了考虑产品的本质功能外，还要考虑其从属功能或二次功能等，它通常与使用功能无关，而与使用者的某种欲求有关。如图 2-14 为产品功能因素的构成与性质分类。

4. 形态因素

形态是产品设计的表现形式。构成形态的点、线、面、体等概念元素在产品中如何体现，是产品设计的重点内容。设计中的形态因素并不存在一个固定的标准，正如自然界中的形态千变万化一样，产品的形态也风格各异。不同产品的形态受功能需求、技术条件及时尚潮流、审美倾向的影响，而且不同的设计师和消费者对产品形态的理解也存在较大差异。图 2-15 为不同品牌的音乐播放机，虽各不相同，但都围绕功能构建整体形态，整体和局部都体现出纯粹形态的精确性和技术美。产品形态的多样化使得我们的生活更加丰富多彩。产品形态的考量主要遵循和谐、统一、变化、节奏、韵律、对比、调和等视觉原则，且要与产品的实用功能和人们的审美心理相一致。

5. 色彩因素

不同的色彩给人以不同的视觉形象和联想，产品的色彩直接影响着消费者的喜爱度和购买欲望。据调查，人们在选购产品时，除了功能之外，色彩、形态和价格是最为主要的参考因素。在设计过程中，设计师对色彩因素的考虑不应只局限于审美上的，而且应包含产品色彩的和谐度、色彩的禁忌、色彩对环境的影响以及对人的视觉刺激等内容。设计中应注意的色彩因素有以下几点：

① 根据产品的功能和材料，选用能提高产品魅力的色彩（图 2-16）。

② 选择适合产品使用环境的色彩（图 2-17）。

③ 选择适合使用者心理、生理特征的色彩（图 2-18）。

图 2-15 不同品牌的
音乐播放机

图 2-16 戴森吸尘器的色彩应用

图 2-17 家具与家居环境色彩的和谐应用

图 2-18 人偶玩具的色彩设计及商店展示效果

④ 避免零部件色彩的杂乱组合。

⑤ 选择突出产品品质的色彩。

⑥ 针对不同人群设计多样化的色彩系列。

6. 机构和构造因素

机构和构造通常属于工程设计或结构设计的内容，但在产品设计过程中，必须充分了解相关因素，从而合理地展开构思，或者通过对部分机构的运行方式加以分析，从而形成新的构思。如家具、文具等产品的设计常常可以从机构的变化、改良入手，使内外协调，进而创造出技术、艺术和功能俱优的产品（图 2-19）。

图 2-19　SOMERSET 折叠自行车的结构设计

7. 材料与加工因素

产品的材料是决定产品质量的关键因素。随着技术的发展，新材料不断产生并被广泛应用于各类产品之中。材料的可选性增加的同时，其造成的危害也日益明显。因此，对产品材料和工艺的选择应在便于生产、降低成本、减少公害的前提下进行，应考虑到材料应用的合理性、节省性、无污染、加工组装简便、易回收、可循环利用等方面的问题。在产品设计领域，出于对功能需求、性能提升和营销等方面的考虑，新材料的研制和运用构成了新产品创新和设计的重要内容（图 2-20）。

生态塑料　　　　　　　　液体木材　　　　　　　　荧光树脂

图 2-20　现代家具设计中的新材料应用

8. 经济因素

价廉物美始终是消费者追求的目标。而以最低的费用取得最佳的效果，是企业和设计人员都必须遵循的一条价值法则。然而，这并不是鼓励设计者选用最低廉的原材料来拼凑产品，一味降低成本，忽视产品的质量。设计过程中对经济因素的考虑应遵循价值工程，在保证质量的前提下降低产品的消耗。

9. 安全性因素

安全问题是设计一切产品时都必须充分考虑的。当今科技进步，工业产品的自动化程度得到很大提高，在给人们的生活带来方便和快捷的同时，危险性也随之增加。因此，设计师必须充分考虑产品可能带来的危害，如技术问题、材料问题、潜在危害等，并在设计过程中加以化解；同时，也必须遵守各种相关的安全法规和产品标准等。

10. 维修与保养因素

维修与保养是影响产品使用寿命和使用安全的重要因素，好的产品应便于维修保养。设计过程中需要考虑产品造型是否利于维修与保养、零部件更换是否方便，兼容性如何，在何地维修与保养等。

11. 创造性

创造性是产品设计的本质体现。离开了创造性，设计往往会流于抄袭或简单的仿制。但追求产品的创造性，不是片面地强调产品的离奇古怪和"与众不同"，

图 2-21 自带刻度尺的圆规设计

而是要充分考虑世界各地的传统文化、审美习惯等因素，结合产品的实用功能，设计出融实用性和审美性于一身的优秀产品。因此，优秀的产品应该在平凡中见新颖（图 2-21）。

12. 专利因素

世界各国都制定了相关的法律条例来保护产品的专利权，其内容涉及名称、商标、文字、造型、结构、操作方式、装配方法等。设计师既要掌握一定的法律知识，遵守法律规定，同时也需要学会从专利中吸取、借鉴优秀的元素用于创新。

产品的构成因素很多，以上各项是最主要的几个方面。我们在设计时绝不能孤立地考虑某一因素，而应从具体的产品出发，将各要素综合地加以研究和应用。概括地讲，就是要遵循实用、经济、美观的原则，切实做到设计的先进性与生产的现实性相结合，设计的可靠性与经济的合理性相结合，设计的创造性与科学的继承性相结合，设计的理论性与实践的规律性相结合，从而创造出更多受消费者青睐的产品。

第四节　新产品的界定与分类

一、新产品的界定

经济全球化使国际市场竞争加剧，所有企业都必须持续提升核心竞争力以保障生存和发展，因而，新产品的开发与创新就变得至关重要。众多国际知名企业，如苹果、谷歌、三星、飞利浦、索尼、耐克、特斯拉、阿莱西，无一不是凭借产品创新而享誉世界。1998 年，iMac 电脑的开发拯救了濒临倒闭的苹果公司，并成为美国最畅销的个人电脑，随之开发的 iPod、iPhone 和 iPad 等一系列新产品更是使苹果公司蜚声国际。同样，任天堂在 2006 年开发的 wii 体感游戏机和微软的 Xbox 游戏机、阿基米德公司的设计师原创灯具（图 2-22）、阿莱西的"剪纸娃娃"系列产品等都是新产品开发的经典之作（图2-23）。可以说，创新是企业生命之所在，新产品开发的成功与否直接关系到企业的存活与长远发展。

"新产品"这个词到处可见，但人们对其理解却不尽相同。那么，到底什么样的产品算是新产品呢？新产品的定义在不同的国家各不相同，难以对其下一个统一定义。同时，这类定义随着时间的推移也在不断完善。一般来讲，对新产品的定义可以从企业、市场和技术三个角度出发。对企业而言，第一次生产销售的产品都叫新产品；对市场来讲则不然，只有第一次出现的产品才叫新产品；而从技术方面看，在原理、结构、功能和形式上发生了改变的产品叫新产品。除了以上三点，通常意义的新产品更注重消费者的感受与认同，是从产品整体性概念的角度来定义的。在产品整体性概念中，任何一部分的创新、改进，以及能给消费者带来某种新的感受、满足和益处的相对新的或绝对新的产品，都叫新产品。

就设计而言，新产品通常指采用新技术原理、新设计构思研制、生产的全新产品，或在结构、材质、工艺等方面比原有产品有明显改

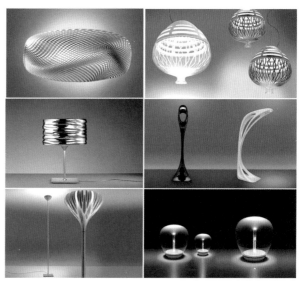

图 2-22 阿基米德公司的设计师原创灯具

图 2-23 阿莱西公司的"剪纸娃娃"系列产品

进，从而显著提高了性能或扩大了使用功能的产品。这既包括政府有关部门认定并在有效期内的产品，也包括未经政府有关部门认定，企业自行研制开发的，从投产之日起一年之内的新产品。

美国联邦贸易委员会对新产品所下的定义是：所谓新产品，必须是完全新的，或者是功能方面有重大或实质性的变化，并且一个产品只在一个有限的时间里可以称为新产品。被称为新产品的时间，最长为 6 个月。这 6 个月对企业来说，似乎太短了，但从对产品生命周期的分析来看还是合理的。

我国国家统计局对新产品做过如下规定："新产品必须是利用本国或外国的设计进行试制或生产的工业产品。新产品的结构、性能或化学成分比老产品优越。""就全国范围来说，是指我国第一次试制成功了的新产品。就一个部门、地区或企业来说，是指本部门、本地区或本企业第一次试制成功了的新产品。"此规定较明确地说明了新产品的含义和界限：新产品必须具有市场所需求的新功能，在产品结构、性能、化学成分、用途及其他方面与老产品有着显著差异。

根据上述定义，除了那些采用新原理、新结构、新配方、新材料、新工艺制成的产品是新产品外，老产品经过改良、变形、新用途开拓等之后，也可称为新产品。

开发、设计、研究新产品的目的是为人类服务，提高人们的生活质量。对企业来说，开发新产品的主要目的在于销售，而销售的对象是消费者，所以，最终决定产品命运的是消费者。不能满足消费者的需求和利益的商品，就不是优秀的产品。实际上，不管何种定义，新产品必须满足以下几点：

① 反映新的技术开发。

② 敏感地反映时代的变迁。

③ 反映广大消费者的新的欲望和需要。

④ 有新的创造——创造性的构思、功能等，能提供方便并给人意外感。

⑤ 便于生产并有利于企业在市场上开拓出独特的道路。

必须指出，由于各国经济、文化、政治、民族、宗教、传统习惯、自然条件等因素的差异，对新产品的理解必然有所不同，且随着时代的变迁其定义也在不断变化。例如，发达国家的新产品在落后地区未必被认可；反之，落后地区出现的新产品可能是先进国家早已淘汰的产品。因而，判断新产品时，还要考虑是在何时、何地和由谁来开发等因素。

二、新产品的分类

在进行新产品开发时，为了有计划、有组织地进行工作，有必要对新产品进行分类，以明确职责权限，使工作有效地开展。根据不同的基准，新产品有不同的分类方法。主要的分类基准有开发目标、技术开发类型、开发地域、开发阶段、开发方式（表2-2）。

此外，学界和业界以不同视角或标准对新产品的分类也不相同。如表2-3为日本水野滋教授在设计研究中提出的新产品分类方式，表2-4为根据产品目标对新产品进行的分类，表2-5是根据研究开发方法对新产品进行的分类。

必须特别指出的是新产品开发中的型号更新问题。企业应持续开发全新产品，但出于利润和发展的考虑也必须保持现有产品系列的升级、改良和更新换代。尤其像消费类电子产品、家电、钟表、汽车、纤维以及其他生活用品等更新速度较快的工业产品，需要考虑"产品系"和"产品族"的关联性对其进行型号更新。

新产品	开发目标根据	利用最新技术开发出来的新产品
		在原有产品基础上进行过技术改进的新产品
		发明性新产品
		换代性新产品
		改进性新产品
	开发地域根据	国际性新产品
		国内性新产品
		区域性新产品
	开发阶段根据	试验室新产品
		试制新产品
		试销性新产品
	开发方式根据	独立研制的新产品
		联合开发的新产品
		技术引进的新产品
		仿制的新产品

表2-2　不同标准下的新产品分类

新产品分类角度	分类内容
1. 开发场所	1. 世界上最早的新产品 2. 国内最早的新产品 3. 企业内最早的新产品
2. 发生过程	1. 市场现有新产品 2. 原创性新产品 3. 创意性新产品 4. 企业开发新产品
3. 与既存或旧产品的关系	1. 旧产品的复活 2. 旧产品的新用途开发 3. 旧产品的新结合、装配 4. 给旧产品附上新的印象 5. 与旧产品完全不同的产品
4. 研究、生产、技术	1. 靠过去的技术、设备生产的产品 2. 进行了若干改良的产品 3. 由完全新的技术和设备生产的产品
5. 从销售方面	1. 使用以往的销售组织开发的产品 2. 完全使用新的销售组织的产品
6. 从消费方面	1. 扩大销售面的产品 2. 供余暇利用的产品 3. 其他

表2-3　水野滋教授的新产品分类

所谓"型号更新"，就是将商品体系中现有的型号置换成新的型号。型号更新是推销商品的一种战略，以对消费者有吸引力（营业方面）、提高商品的功能（消费者方面）、应用新技术、生产工程合理化（技术方面）、提高企业形象（经营方面）等为目的，通过变换形式、改良机能、应用新技术等手法进行新产品开发。型

市场尺度 ＼ 技术尺度		现行技术（水准） 依靠公司现有的技术水平	改良技术 充分利用企业现有的研究、生产技术	新技术 企业对新知识新技术的导入及开发应用
现行市场	靠现有市场水平来销售	现行产品	再规格化产品 就现行的企业产品，确保原价、品质和用度的最佳平衡	代替产品 靠现在未采用的技术生产比现行制品更新、更好、现格化了的产品
强化市场	充分开拓现行的产品的既有市场	再商品化产品 基于现在的消费者群，增加销售额的产品例：系列化	改良产品 改变既存产品的商品性和利用度，增加销售额	产品系列扩大产品 随着新技术的导入，针对既存使用者，增加产品系列
新市场	新市场新需要的满足	新用途产品 开发利用企业现有产品的新消费者群	扩大市场产品 通过局部变更现在产品，开拓新市场	新产品 在新市场销售由新技术开发的产品

表 2—4　根据产品目标分类新产品

1. 追求目的型新产品	针对开发目的，分析所需解决的问题，并思考：必须做什么、能做什么……以此探究解决问题的方法和技术，开发新产品。
2. 应用原理型新产品	针对问题，从根本上探究其机构和原理，利用探究的结果和相关知识创造新产品。
3. 类推置换型新产品	将其它新产品中所应用的知识、法则、材料及智慧经验等有利于成功的因素应用于自己所开发的新产品中。
4. 分析统计型新产品	不是来自计划的研究成果，而是综合汇集实践经验和通过知识等内容，并将其结果应用于新产品的开发（不是通过实验计划的数据，而是通过解析现有数据的方法）。

表 2—5　根据研究开发方法分类新产品

号更新是企业适应内外要求，特别是适应竞争激烈的市场变化的必要手段。因此，型号变换是促进企业发展、满足消费者多种需求的重要策略。在一定程度上，这是针对不断变化和提高的消费需求而进行的产品再设计，一方面改善了老产品的缺陷和不足，另一方面满足了消费者不断变化的品位和审美倾向。型号更新同样需要设计师对市场、用户、技术、生产、工艺、材料及趋势等做出判断和回应，完成新的提案。事实证明，许多优良的产品就是在这种型号更新过程中涌现出来的，并最终成为经典设计，代表着企业的实力和形象。如苹果公司的 iPhone 4s 手机相较于之前的几个型号堪称经典，被称为 iPhone 系列的"不朽杰作"。

第三章｜Chapter 3
设计，从哪里开始

设计，从哪里开始？又在哪里结束？

当然，这里的"设计"不是指宏观意义上的设计，而是指具体的设计实践或设计任务。对设计师而言，每一次设计都有一个起点，并会在经过一个完整的路径或周期后结束。不同的设计师、企业的设计团队、非专业设计人（怀有设计梦想的人）对设计过程的思考、规划和掌控的方式存在较大差异，发现问题的角度和解决问题的方法也不同，因此，他们对设计的"出发点"和"结束点"也各有考量。很多时候，一个问题、一点观察、一种体验，或者一时的顿悟，都会激发我们的设计灵感或创作欲望，设计（创作）与制造（做）也随之展开。但对于专业设计师或企业的设计团队而言，设计程序属于企业管理的重要内容，关系到企业的发展战略与正常运行。设计项目的展开不能仅凭一时的兴趣、冲动或欲望——这是非常盲目和危险的行为，一次失误就有可能让企业蒙受巨大的经济损失或致企业濒临倒闭。产品设计程序的合理与否关系到企业的命运，对企业的生存与发展举足轻重。

第一节　设计程序的引入

一、关于程序

汉语里"程"字的本义是"称量谷物，并用作度量衡的总名"，引申为"规矩、法式、章程"；"序"字的本义是"东西墙"，后引申出"次第、次序"的意思。由此可见，程序指的就是"规范的次序"，即处理事务的先后次序。简单地讲，程序是指从开始到结束的完整过程和步骤，与是否具有逻辑性和计划性无关。但具有严密的逻辑性和合理的计划性的程序往往是实践活动或行为的参考和实施规范。

与"程序"一词意思相近的词语还有"流程"和"过程"，分别对应英语中的"procedure"和"process"，这两个词的意思差别不大，因此在应用时往往容易混淆。一般来讲，程序与流程的意思更为接近，对应英文"proccdurc"，指的是进行或完成某事采取的一系列步骤或途径。《中华人民共和国国家标准质量管理体系基础和术语》一书中对"程序"的定义是："为进行某项活动或过程所规定的途径。"过程（process），指的是事物进行或发展所经过的程序或阶段，也可以说，过程是一组为了完成一系列预想的产品、成果或服务而需执行的互相联系的行动和活动。《中华人民共和国国家标准质量管理体系基础和术语》中对"过程"的定义是："一组将输入转化为输出的相互关联或相互作用的活动。"从两者的含义来看，过程强调对全程的全面把握和对关键点的监督，注重经过过程获得的结果，比较宏观和抽象；而程序是对每一个环节进行程序化的处理，注重的是过程本身的步骤和方法，侧重微观层面。两者意涵差别的详细对比可见表 3-1。

程序（Procedure）	过程（Process）
Procedures are driven by completion of the task 程序受任务的完成所驱动	Processes are driven by achievement of a desired outcome 过程受期望结果的达成所驱动
Procedures are implemented 程序要可执行	Processes are operated 过程要可操作
Procedures steps are completed by difference people in different departments with different objectives 程序步骤是由具有不同目标的不同部门的不同人员来完成的	Process stages are completed by different people with the same objectives – departments do not matter 过程阶段是由拥有相同目标的不同人员完成的——部门无关紧要
Procedures are discontinuous 程序是不连续的	Processes flow to conclusion 过程趋向结果
Procedures focus on satisfying the rules 程序注重符合规则	Processes focus on satisfying the customer 过程注重满足客户
Procedures define the sequence of steps to execute a task 程序定义了任务执行步骤的顺序	Processes transform inputs into outputs through use of resources 过程通过各种资源整合将输入转化为输出
Procedures are driven by humans 程序是由人类所控制的	Processes are driven by physical forces some of which may be activated by humans 过程有时是由人类触发的外力所驱动的
Procedures may be used to process information 程序可用于处理信息	Information is processed by use of a procedure 信息处理可使用程序
Procedures exist they are static 程序是静态的存在	Processes behave they are dynamic 过程是动态的行为
Procedures cause people to take actions and decisions 程序促使人们采取行动和决定	Processes cause things to happen 过程导致事情发生

表 3-1　程序和过程的意涵比较

由此可知，过程是一种手段，是针对所期望的结果而开展的工作和活动。任何事情都需要一个过程，它既有时间上的持续性，也包含空间上的延续性。而程序则是指为了完成某项任务而制定的计划、规则、步骤，以及具体环节所采用的方法和途径。因此，前文提到的"设计是一个过程"是指设计目标的实现需要展开一系列活动，如调查、研究、探索、展开、实现和评估等，这是从宏观角度看待"设计"这一行为，而不是面向具体企业和设计师设定的具体流程。与之相对，设计程序则是针对具体设计实施过程设定的规程和方法，强调微观层面的具体执行措施。

二、设计程序

一般来讲，设计程序是指设计的实施过程及完成设计任务的次序与途径。"设计"一词意涵的丰富性，导致"设计程序"的概念也不清晰。通常存在两种观点：一是针对宏观的设计行为的设计程序，即"设计的过程"；二是针对具体的设计实践或任务实施的设计程序，即"设计的流程"。这两种概念的存在，也导致业界关于"设计程序"一词的定义有众多说法。下面就学界和业界关于设计程序的表述做一下简单梳理。

美国学者卡尔·犹里齐（Karl Ulrich）与斯蒂文·埃平格（Steven Eppinger）指出："程序乃是将一套输入转换成输出的一连串步骤。产品开发设计程序是指企业用来构思产品、设计产品及产品商品化的一连串步骤和活动。这些步骤与活动，有许多是智能性与组织性的，而非实质性的。"他们将产品开发程序分成六个阶段：规划、概念形成、系统层次设计、细部设计、测试与改进、开始量产等。

清华大学美术学院的柳冠中教授在《工业设计学概论》中提及："设计程序与方法中的工作程序为：问题描述、现状分析、问题定义、概念设计、评价、工作程序、设计、评价、制造监督和指导、导入市场等。"

北京理工大学的张乃仁教授在《设计词典》中指出："设计程序主要是指产品设计的过程和次序，包括产品的信息搜集、设计分析与设计展开、辅助生产销售及信息反馈等。"

台湾地区学者陈文印认为："'设计程序'通常是非线性的，有些步骤可重叠、可重复、可循环（如探索—选择—修正）之反复（Interactive）的过程。"

综上所述，尽管研究者们对设计程序的看法不尽相同，但基本都认同设计程序是一种创造性过程、生产型过程、计划性过程或全面性过程。设计的目的是创造性地解决问题，因此，设计程序是一个解决问题的过程。设计程序与其他科学程序的不同之处在于其不仅包含了理性的分析过程，还存在着情感的直觉过程（图3-1）。

需要注意的是，任何设计程序都是设计师们在长期的设计过程中不断总结完成的，并随着时代的发展而不断被赋予新的内容。设计程序因国家、企业和个人的

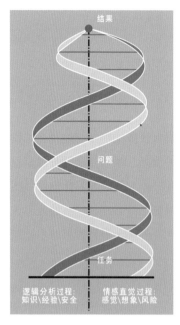

图 3-1 解决问题的思维过程

不同情况而有所差异。有些企业或组织会制定并遵循一套精确而详细的设计程序，但也有一些企业、机构或自由设计师甚至无法描述他们的产品设计开发过程。而且，不同企业或组织采用的设计程序也会略有区别。在实际的应用中，设计程序并没有"唯一的标准"和"公认的权威"。

第二节　设计程序的类型

设计是一个由"无"到"有"的创造过程，或者由"差"到"好"的革新过程。在这一过程中，抽象的、不确定的概念或设想（idea）逐步发展为具体的、可实施的、肯定的架构或人造物，即抽象的事物以具象的形式表现出来（图 3-2）。这一过程仅仅依靠灵感的触动和直觉的构思是难以实现的。必须运用逻辑的推理或理性的思辨并形成合理的设计规范或者严谨的设计程序，才能保证设计中各环节、各因素达到最佳平衡和协调。可以说，过程强调的是设计的方向性，而程序则是在保证方向性的前提下制定的"顺序"，即对过程的策划和安排。程序应具有科学性、合理性和可行性。实践证明，规范有效的程序和正确的方法是设计取得成功的基本保证，世界著名企业都将此作为设计管理的重要内容与设计人员必须掌握的基本技能和方法。

当今，生产技术高度发展，新产品的研发更应注重由调研、设计、制造、销售等构成的整个过程，而不仅仅是听从企业经营管理者或是设计行销者的个别决策。妥善地规划设计程序，才可能将新产品设计的风险性及不确定性降至最低，从而使新产品开发达到预期的目标。诚然，设计程序是一个从概念到具

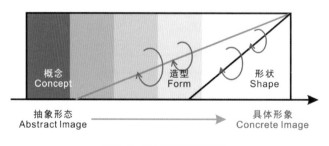

图 3-2 设计程序的逻辑示意

体的实现过程，是应用于实际研发、生产过程的指导规范；但更重要的是，设计程序也是理性的逻辑思维过程，直接影响着问题解决的合理程度。随着设计学科的逐渐成熟，设计程序也越来越合理化，不同的设计课题和研发项目采用的设计程序也不尽相同。

1. 按照思维逻辑方式分类

① 线性设计程序，即根据思维的连续性，将设计过程划分为几个彼此相连的阶段，并制订每个阶段的具体任务和执行步骤，从而确定任务执行的先后顺序和彼此之间的逻辑结构。这就好比工业生产中的流水线，每个环节紧密相连，先后顺序确定，从头至尾依次进行，不能反向。传统的线性设计程序的设计流程一般为：问题提出 → 问题解析 → 问题解决 → 问题反馈；或者：定义问题 → 了解问题 → 思考问题 → 发展问题 → 测试问题（图 3-3）。

② 平行式设计程序，即打破传统的单向思维模式，采取双向或多向平行的思维方式，将理性分析和感性直觉融合在同一个过程之中，从而使目标的实现建立在综合各方面因素的基础上，避免单一理性因素造成的工程化和感性因素造成的艺术化，使功能的合理性和审美的艺术性达到最佳融合。这就好比人体 DNA 的双螺旋结构，二者并行思考、螺旋上升、彼此相关，却又各具特点。平行式设计程序是现代设计程序的重点内容之一，通常可将"问题 → 结果"的思维过程区分为理性过程（问题 → 分析 → 结果）和感性过程（问题 → 直觉 → 结论）。平行式设计程序模型的构建原理主要来源于人脑的工作方式：左脑（控制身体的右边）掌管逻辑思维，而创造性思维和直觉则取决于右脑（控制身体左边）。

③ 循环式设计程序，即在正常思维模

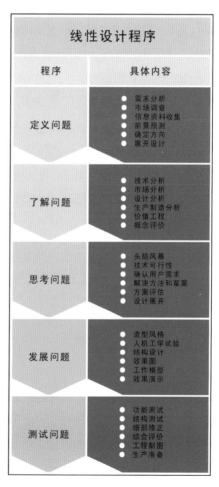

图 3-3 线性设计程序示意

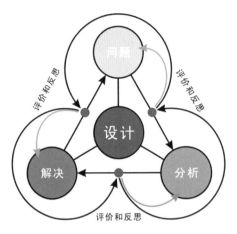

图 3-4 循环式设计程序的构成

式的中间环节增加反思或评价的内容，使各个环节都接受必要的审核和检验，进而避免定向思维造成的概念绝对化，也利于及时发觉错误的方向并进行调整。循环式设计程序的过程一般为：问题→评价和反思→分析→评价和反思→解决→评价和反思→问题（图 3-4）。

2. 按照产品设计类型分类

① 产品改良设计程序，指对市场现有产品进行改良设计时所采用的程序。其主要目的是改进产品中存在的问题和缺陷，改良型号、花色和细节等，满足市场对产品多样化的需求。产品改良设计程序的重点内容是市场分析和产品评价(图 3-5)。

② 产品开发设计程序，指以开拓新产品市场、开发新技术等为主的产品设计程序。这类程序通常在前期的调研、分析及决策阶段投入大量的精力，而对后期的产品提案、商品化阶段则相对投入较少（图 3-6）。

③ 复杂系统的产品设计程序。这类程序主要应用在综合性强、复杂程度高、技术要求严格的产品设计中，通常针对大型机械设备、电子仪器、交通工具设施等设计项目，需要多个设计小组或设计团队协同合作来完成（图 3-7）。

上述分类是对几种具有代表性的设计程序的归纳和整理。在实际的应用过程中，通常需要结合具体的设计项目加以整合和适当调整。不管选用哪种设计程序，其目标和基本内容并没有根本性差异。其内部的思维过程遵循问题→分析→解决；外部设计过程则为：准备→展开→实现。因此，从宏观层面讲，设计程序主

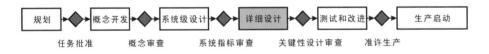

图 3-5 产品改良设计程序

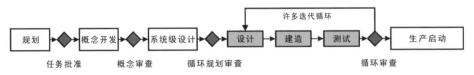

图 3-6 产品开发设计程序

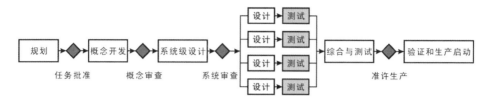

图 3-7 复杂系统的产品设计程序

要分为三个大的阶段：规划、调查、确定方针阶段，开发、设计展开阶段，详细决定、实施投产和投放市场阶段。而微观层面则是对以上三个阶段的进一步分解。

第三节 产品设计的一般程序

由于现代设计所处的企业管理环境、技术支撑环境、社会需求环境都发生了变化和重组，势必带来设计程序的结构性调整甚至变革。企业设计管理部门与设计师在长期的设计实践过程中建立起了相应的设计程序模型。传统设计程序通常为线形发展模式，即前后的连续性较强，有紧密的因果关系，下一步的结果取决于上一步的成功。商业化与信息化结合的今天，企业需要更快速有效、灵活多变且具有适应性的设计程序系统。因此，设计程序正在向立体化、系统化和全方位的方向发展，其中现代数字化技术和虚拟现实技术正被引入到设计程序之中（图 3-8）。

传统的线性设计程序通常将设计过程整合为几个彼此衔接的阶段，并明确每

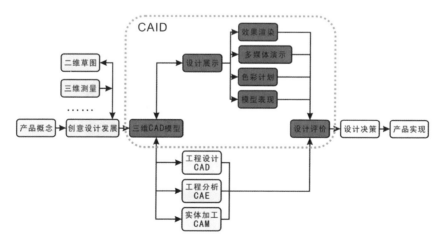

图 3-8 CAID（计算机辅助工业设计）系统参与的产品开发系统流程

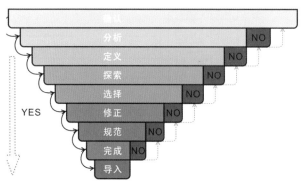

图 3-9　美国设计管理学院提出的产品开发程序

个阶段的主要任务和目标。如上一节中提到的定义问题、了解问题、思考问题、发展问题、设计与测试 5 个阶段。除此以外，还可以分为研究分析、构思设想、草案设计、发展优化等几个阶段，或者分为发现问题、创意设计、分析评价、商品化等。所有这些划分方式，都是根据具体的设计内容和设计目的灵活设定的，一些主要的阶段又可细分为几个具体的步骤。如美国设计管理学院提出的产品开发程序包含 9 个步骤：确认、分析、定义、探索、选择、修正、规范、完成、导入（图 3-9）。企业在执行设计程序时，也会明确各个具体环节的工作内容和目标，如产品开发阶段的前期活动通常分为：确认顾客需求、建立设计规格、形成产品概念、选择产品概念、测试产品概念、确定最终规格、拟定开发计划、开发产品等（图 3-10）。

　　设计程序的选择和设置，一般与设计对象和设计主体有着直接的关系。生产企业或单位（设有独立的研发设计部门）与设计公司（以接受设计委托为主）的设计程序是不同的。设计公司的设计程序相对简单、直接，或采用专人负责制，或团队合作，一般不存在部门的交叉（图 3-11）。企业的设计程序则相对复杂得多，生产、销售、技术、设计各部门需要并行展开工作，因此，只有相互配合与调解，才能使整个程序顺利推进。

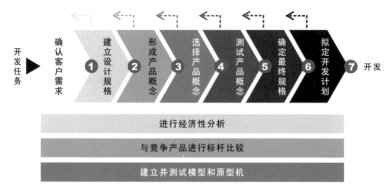

图 3-10　产品概念开发阶段的前期活动

第四节 国际设计机构的设计程序模型

从前文对设计程序的分析中可以看出，正确的设计程序应该是从策略规划到产品销售过程的系统性安排。每个企业或组织都会根据自身的战略规划、产品属性等客观条件来制定相应的设计程序，并根据具体的产品开发与设计任务加以调整。如基于技术开发的设计活动与基于用户需求的设计活动在程序上的差异是比较明显的。前者重在技术部门、设计部门和市场部门的协作与调节，而后者则重在前期的需求分析和市场调研。本书筛选出几例具有典型性的设计程序，以供设计实践者参考。

一、英国设计署的设计程序

该设计程序（图 3-12）是英国设计署于 1990 年研究出的一套公认较有效的设计流程。其被众多设计机构或单位作为基本的参考模型，并根据具体的设计任务增删相关内容，使基本的流程框架

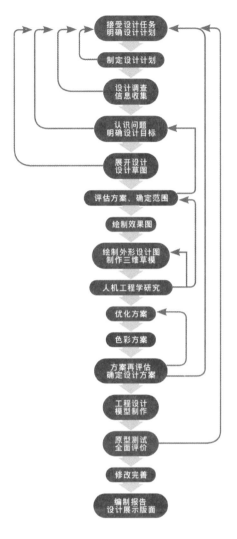

图 3-11 设计公司的一般设计程序

更加具体化，更有针对性。英国设计署的设计流程对产品设计过程中工业设计或产品设计的任务和操作方式给出了界定，但对企业部门间交叉与合作的相关内容未加阐述。

二、德国青蛙设计公司的设计程序

德国的青蛙（Frog）设计公司是国际设计界最负盛名的设计公司之一。作为一家大型的综合性国际设计公司，青蛙设计以其前卫的、未来派的风格不断创造

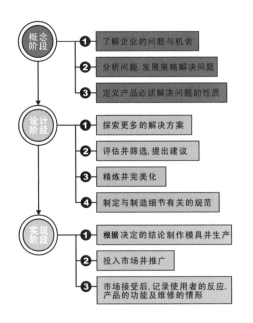

图 3-12 英国设计署的设计程序

出新颖、奇特、充满情趣的产品，其设计理念是将传统的"形式追随功能"转化为"形式追随情感"。青蛙设计公司的设计程序（图 3-13）的特色在于设计专案的管理，通过研究、探讨、定义及实施四个主要阶段来进行，工业设计在程序中以探讨阶段的视觉化沟通功能为主，上至研究下至定义，整合整个研发过程。

三、日本日立中央研究所的设计程序

日立中央研究所（HCRL）是日本日立（HITACHI）公司最主要的研发中心，由小平浪平于 1942 年创立。自成立起，其一直承担着日立公司的生产技术、设备研发与信息收集等主要的研发任务，为日立公司的产品拓展做出了卓越的贡献。目前，日立中央研究所主要由信息系统研究所、LSIC（Large-scale integrated circuit，大规模集成电路）解决研究所、存储技术研究所、生命科学研究所等几

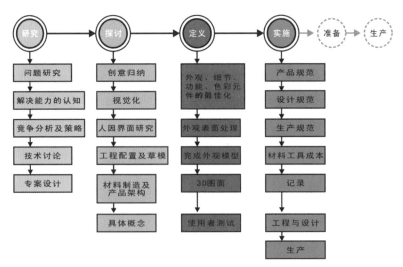

图 3-13 德国青蛙设计公司的设计程序

个组织部门构成，其研发任务主要包括10—20年后的基本应用技术以及为当前的商业行为提供产品设备技术开发服务。可以说，日立中央研究所的研发水平代表着日立公司产品的创新水平，是保证日立产品质量的重要因素。就设计程序来讲，日立中央研究所的产品研发程序为现代企业内设计程序的建立提供了良好的参考模式。日立中央研究所的设计程序（图3-14）主要分为三个阶段：计划（PLAN）→实施（DO）→审查（SEE）。在每个阶段，中央研究所会与公司相关

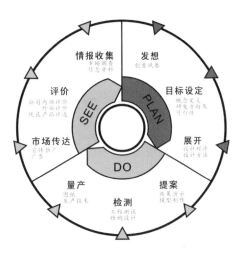

图3-14 日本日立中央研究所的设计程序

部门进行沟通和交流，并针对设计项目的进展程度进行具体的任务规划。

四、德国工程师协会的设程序

德国工程师协会（Verein Deutscher Ingenieure, 简称VDI）是德国最大的工程师与自然科学家协会。该协会于1856年5月12日在德国的萨克森－安哈特州的哈尔兹地区成立，是公益性的工程师和科学家组织，也是世界上最大的技术导向的协会和组织之一。德国工程师协会主要从事技术的发展、监督、标准化、工作研究、权利保护等方面的工作，其中心任务是促进与技术相关的各方面力量的结合，并通过对技术的开发和有效应用改进人类的生存条件。早在1987年，德国工程师协会就针对技术驱动型设计建立了一套系统设计流程。作为产品创新的组成部分，该设计程序将一般设计步骤进行细化，使企业的设计流程更加清晰、明确、理性化且具有独立性（图3-15）。实际上，完整的设计程序中包含非常多的细节内容，程序的执行往往也不是严格的线性模式，很多情况下各步骤之间是交叉或并行的，因此，在实际应用过程中应适度调整和灵活运用。

五、IDEO 的设计程序

IDEO 是全球顶尖的设计咨询与创新顾问公司，成立于1991年，早期致力于产品设计开发，倡导以用户为中心的设计理念。其产品设计创新与开发总是由了

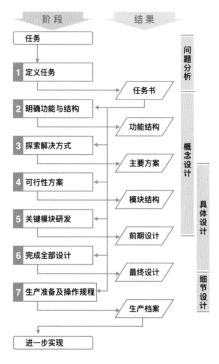

图 3-15 德国工程师协会的设计程序

解终端用户开始，专注聆听他们的个人体验和故事，悉心观察他们的行为，从而揭示隐藏的需求和渴望，并展开具体的设计过程，以全新的方式提供设计服务。IDEO 发现这种方式同样可以运用于非产品领域的创新，无论是服务、界面、体验、空间还是企业转型，任何创新都需要找到用户的需求、商业的延续性以及科技的可行性这三个方面的最佳结合点。近年来，IDEO 开始提倡"设计思维"，并将创新设计的方法由工业设计拓展到各个商业领域，如零售业、食品业、消费电子行业、医疗业、高科技行业等。IDEO 不再只进行产品开发，还开始涉足商业模式和社会创新等内容的研究。经过对多年来设计实践经验的总结和对设计思维的研究，

IDEO 形成了一套针对产品、服务和系统创新的设计程序（图 3-16），配合头脑风暴、用户观察、概念洞察、讲故事和原型制作等多种设计方法的运用，逐渐在设计界形成了新的创新思维方式。

	步 骤	方法和做法
1	实地观察 Observation	1.随行观察　　　　5.极端用户访谈 2.行为地图　　　　6.讲故事 3.用户旅程图　　　7.非焦点访谈 4.视频日志
2	头脑风暴 Brainstorming	1.暂缓评论　　　　5.视觉化（图文并茂） 2.异想天开　　　　6.不要离题 3.借"题"发挥　　　7.一人一次发挥 4.多多益善
3	快速原型 Rapid prototyping	1.制作实体模型　　4.不求精细 2.视频呈现用户体验　5.创造使用情境 3.快速　　　　　　6.身体激荡或角色扮演
4	精炼优化 Refining	1.头脑风暴：票选最佳方案　4.筛选最佳方案 2.制作原型　　　　5.获得共识 3.让用户参与评估
5	实施 Implementation	1.利用一切资源 2.跨专业协同

图 3-16 IDEO 的设计程序

六、伊利诺伊理工大学维杰·库玛教授提出的设计程序

美国伊利诺伊理工大学的维杰·库玛（Vijay Kumar）教授在分析了全球最擅长创新的公司、研究了几百个成功的创新案例之后，结合自身多年的创新理论研究，提炼出企业成功创新的四大核心原则：以用户体验为中心、系统化创新、创新型企业文化、严格的创新流程。并且，他在此基础之上提出了一套高效、严谨的企业创新方法和创新设计程序（图3-17），辅以苹果、谷歌、耐克等最前沿的知名企业的案例，

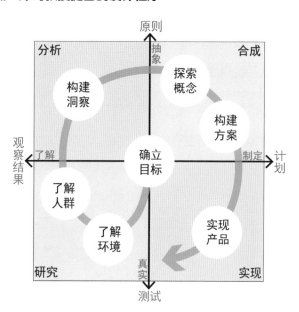

图 3-17　维杰·库玛提出的设计程序

探索企业持续创新的方式。该创新设计流程模型分为四个象限：左下象限代表"研究"，即了解现实；左上象限代表"分析"，这一环节用抽象术语提炼关于现实的信息，并尝试以良好的构思模型驱动创新；右上象限是"合成"，基于"分析"环节所推导的抽象模型，创新者可以在这个环节提出全新概念；右下象限定义的"实现"意味着将新概念转化为可实施的成果。四个象限又可细化为七个部分，分别是确立目标、了解环境、了解人群、构建洞察、探索概念、构建方案、实现产品。尽管该程序给出了线性的设计序列，但库玛指出，许多创新项目是呈非线性发展的。因此，设计的起点可以是程序中的任何节点，随后重新回到研究和分析环节，验证并探索概念，继续深入，循环往复，有时甚至需要经过数次迭代循环。

七、代尔夫特理工大学工业设计工程学院的设计程序

代尔夫特理工大学工业设计工程学院创建于20世纪60年代，在设计教学中一直采用系统化方法。在总结多年设计教学和创新管理实践的经验之后，罗森伯格（Norbert Roozenburg）教授和伊科斯（Johannes Eekels）教授在1995年提出了一套产品创新程序（图3-18），将产品设计纳入整个产品创新的流程之中，目

的在于帮助设计师计划、管理设计项目，并在设计项目中把握全局。该程序将产品创新各环节按照时间顺序线性排列，反映了从企业战略部署到产品导入市场的整个创新循环过程。这套程序主要划分为两个阶段：产品开发阶段（涵盖了新产品开发所需的各项活动）和设计实现阶段。其关键部分在于"严谨开发"（strict development），涉及产品设计、生产计划和市场计划三方面，强调在开发前期应预先制定相关政策、构思创意，以限定所设计产品的类型，并将设计与生产、分销和销售等活动进行整合，并行展开，从而保证新产品开发成功。总体来讲，该流程模型对产品创新活动及其产出的描述都比较抽象，更适用于设计研究和创新管理，具体的产品创新活动则需要结合其他操作性强的方法共同使用。

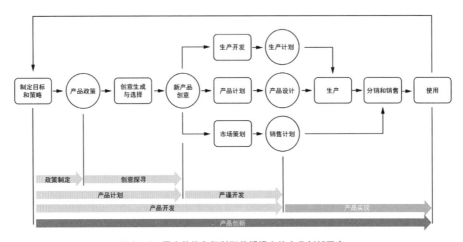

图 3-18　罗森伯格和伊科斯教授提出的产品创新程序

第五节　产品设计程序实用模型

一、针对项目管理的设计程序实用模型

　　如前所述，产品设计是一种将"问题概念化""概念形象化"的创意与革新工作。这也就决定了设计程序要从"问题"开始，并最终落在实际产品的"形象"上。企业进行产品开发或改良，其"问题"通常始自市场竞争与消费者需求。企业要在市场竞争中获得生存与发展的空间，就必须延续或拓展自身的产品线。因此，企业设计程序的"链头"是在企业主动探索市场和消费者需求的情况下设定的。与之不同的是，设计公司展开设计一般是从"委托"开始的，"问题"基本已经被委托企业

确定或指定。设计公司所要做的是对"问题"进行调研和分析，进而使"问题"转化为切实的"概念"。所以也可以说，设计公司的设计程序一般是由被动接受任务或项目而展开的。

不管设计程序从哪种"问题"开始，分析问题和解决问题的方式和过程基本上是一致的，这就使得设计程序模型得以建立，并在实际的设计过程中被参考和应用。一般的设计程序模型是按照设计的先后步骤来确定的，并规定每个步骤或环节所需要完成的工作或达成的目标，以及提供相应的考核标准。下面两图所示为针对实际设计项目的具体的产品设计程序模型：图 3-19 给出了各阶段的具体任务和内容，图 3-20 给出了各阶段需要达成的目标和提交的阶段性成果。

从这个模型中可以看出，设计程序存在着两个维度的内容：时间维度的项目进度和空间维度的部门任务。前者是对整个设计流程的时间限定和控制，也就是要求在规定的时间内解决问题，将开发概念转化为实际的产品。从其所处理问题的本质来看，时间维度所约束的是信息处理的过程，即如何将获取的信息以合理的方式用于解决问题，具体的层次关系如图 3-21 所示。而空间维度则是对参与设计的部门的约束，即规定了各相关部门在各阶段的具体任务，主要涉及设计部门、技术部门、生产部门和营销部门等，具体内容如图 3-22 所示。

二、针对新产品开发的设计程序实用模型

企业进行新产品的开发通常受其发展规划的制约，这是由于企业的产品开发计划主要是依据市场竞争和企业发展情况而制定的。企业要充分考虑新产品开发的成本和效益、前景和优势以及新产品在企业产品线中的位置等内容。此外，企业的生产能力、技术实力和资金等也是重要的制约因素。所以，企业新产品开发的程序是一个严谨的系统性工程，其制定必须把多种相关因素纳入考虑的范围，且确保各环节、各部门易于协调、控制，以便保证最终开发产品的品质。

上一节中的设计程序模型，是对整个设计过程的归纳和整理，而企业在新产品开发过程中，必须针对每个阶段增加控制、评价或核检的步骤，以避免由错误累积造成的严重后果。企业在产品设计过程中，一般会通过计划会议或设计会议的形式来审查设计进度，并以专家评估、团队讨论的形式评估阶段性成果，从而及时对设计进度做出调整。企业新产品开发的设计程序并不是一个简单的步骤问题，而是针对整个产品开发任务的系统规划（图 3-23）。

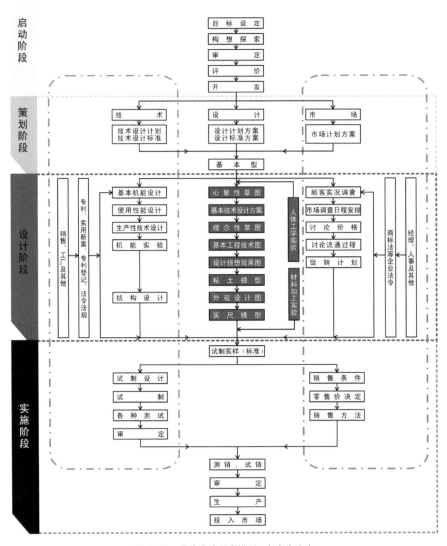

图 3-19 具体设计程序模型：任务和内容

设计程序流程图

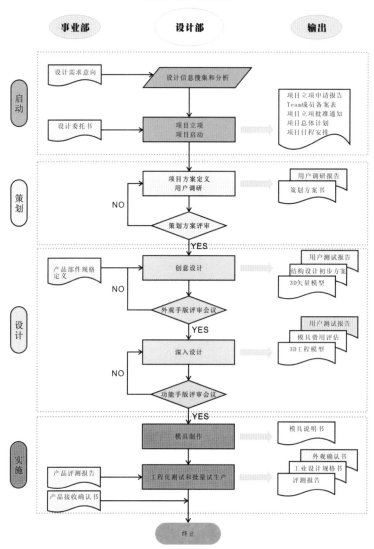

图 3-20　具体设计程序模型：目标和成果

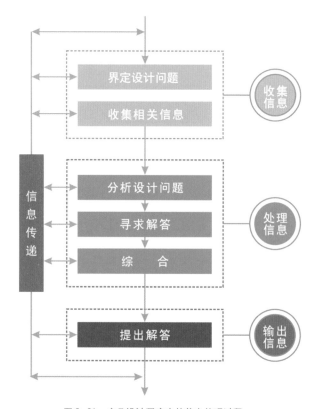

图 3-21　产品设计程序中的信息处理过程

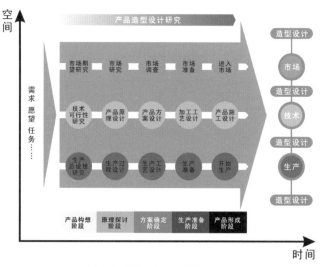

图 3-22　产品设计程序的整体理解

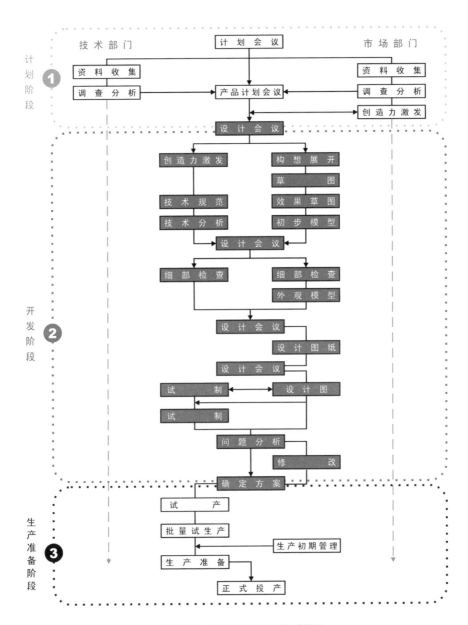

图 3-23　新产品开发的设计程序模型

第四章│Chapter 4

设计，如何做

设计，如何做？设计，需要怎样做？

曾几何时，我们开始被身边优美的产品所吸引，也开始对"好设计"和经典作品充满好奇和赞叹。设计师们似乎更倾向于将自己的产品看作"艺术作品"，至于"如何设计"，则更愿意将其归功于自身的天赋、直觉、经验、创造力和专业能力，而所谓的"方法论"，往往被看作企业为确保项目成功和避免设计人员凭直觉进行设计的一种理性措施，以及设计新手需要学习的理论性内容。然而，事实并非如此。设计师的创意和构思可以是纯感性或直觉的，可以是天马行空、异想天开的，但设计从概念到实现的过程却离不开理性的思考与有效的策略和方法，即使这种方法是很简单或很直接的，如"A+B"或"放大与缩小"，它对设计理念的呈现也是非常重要的。面对当前日趋复杂的市场环境与产品系统，如何把握客户需求？如何持续创造客户满意的产品？如何从体验的角度去解决问题？如何将用户的观点引入产品设计？如何把握时代变迁与时尚趋势？如何才能形成颠覆式的产品概念……所有企业都在考虑、探讨这些问题，并努力培育系统的、全面的和高效的创新体系，而不是仅仅依赖某一个天才人物或灵感乍现。诚然，科学技术的高速发展已经极大地扩展了设计的范畴，丰富了设计的实现手段。但同时，设计师面临的问题也日趋复杂，多学科交叉与跨界协作成为必然，设计不再是仅凭直觉或感性就能完成的，创新也不能依赖"偶然的发现"，设计师必须要知道"应该做什么"，也要明白"需要怎样做"。

第一节　设计思维与创新思维

一、设计思维

思维往往是人脑借助于语言，以已有知识为中介，对客观现实的对象和现象概括的、间接的反映，是揭露事物本质和规律的认识过程的高级阶段，即思维是相对于感觉、知觉和表象的理性认知。《辞源》上解释说，思维就是思索的意思，可理解为思考或想，"维"可理解为方向或秩序。从构词上看，古人认为"思"是心田中的事物，是心理活动。"想"是心中对两个相互关联的另一个事物的心理活动，或者说是对意念形态的处理活动。思维就是有秩序地想，就词义应用来讲，思维通常指两个方面，一是理性认识，即"思想"；二是理性认识的过程，即"思考"。思维具有两个最基本的特征：间接性和概括性。间接性指能够借助于中介物对不在当前、不能直接作用于人脑的事物做出反应。概括性指的是思维反映的东西不是个别事物或事物的个别属性，而是一类事物的共同属性或本质属性，是事物间的规律。思维科学认为，思维是以感觉和知觉为基础的一种高级的认识过程，包括对事物进行分析、综合、判断和推理等认识活动的全过程。思维活动可由外部事物引起，也可由记忆中的事物引起。一般来说，当人需要完成某种任务而又没有现成的手段时，思维活动便被触发并沿着任务所指引的方向进行。换句话说，思维活动是由一定的问题引起的，并指向问题的解决。因此，设计思维也被视为在设计过程中针对"设计问题"进行主动的、有意识的思考，并寻求解决问题的合理方案的过程。

一般意义的设计思维，泛指设计过程中建立在抽象思维和形象思维基础之上的各种思维形式，包括立意、想法、灵感、构思、创意、技术决策、指导思想和价值观念等。设计思维通常以观察、体会为输入方式，经过内在与外在的思辨形成架构，再以架构形成专业的模式，进而具体落实成各种人造物。就产品设计来讲，设计思维是指在产品设计过程中对思考方式、思维组织模式的整合，是指通过对用户行为和用户需求的洞察、对产品造型语言的推敲、对材料与工艺的选择、对行为理念的把握等，创造出新颖的、原创的或突破性的新产品。

从设计学角度来看，设计思维是思维方式的延伸，是将思维的理性概念、意义、思想、精神通过设计的表现形式现实化的过程，主要涉及思维状态、思维程序及思维模式等内容。设计的思维过程是一个相对比较复杂的心理现象，通常认为它既是创新思维和设计方法的有机结合，同时又是逻辑思维与形象思维、发散思维与收敛思维等思维方式在设计过程中的有机结合。设计师经过有意识的训练与长期的设计实践，逐渐认识设计对象与客观环境之间的各种联系并熟悉设计规律，从而形成一定的设计思维方式和方法。设计师的灵感来自于观察和体会，设计思维的演进是一个从形象思维的启发开始，在逻辑思维推理中渐进的复杂过程。

设计思维的含义也是不断演进、发展的，随着 20 世纪 80 年代人性化设计的兴起而开始受到业界关注。在科学领域，把设计作为一种思维方式的观念可以追溯到赫伯特·西蒙（Herbert Simon）于 1969 年出版的《关于人为事物的科学》（*The Sciences of The Artificial*）一书。赫伯特·西蒙认为，设计是研究人为事物的科学，是运用分析、综合、归纳、推理等多种方法以及形象思维、逻辑思维等多种思维方式来创造"物"的科学行为。另外，罗伯特·麦基姆（Robert McKim）1973 年出版的《视觉思维的体验》（*Experiences in Visual Thinking*）一书则研究了"视觉化思维"（Visual Thinking）在设计过程中的重要性。到 20 世纪八九十年代，美国斯坦福大学教授、设计教育家罗尔夫·法斯特（Rolf A. Faste）扩大了麦基姆的工作成果，把"设计思维"作为创意活动的一种方式，并在斯坦福大学筹办 Stanford Joint Program in Design（D. School 的前身）对设计思维进行推广。他的同事戴维·凯利（David Kelley）受其影响于 1991 年创立 IDEO（后来也是他创立了 D. School）并在商业活动中推广设计思维。1987 年，哈佛大学设计学院系主任彼得·罗（Peter Rowe）出版了《设计思维》（*Design Thinking*）一书，首次使用"设计思维"一词，并将其作为建筑设计师和城市规划者设计时的方法论。1992 年，理查德·布坎南（Richard Buchanan）发表了标题为"设计思维中的难题"的文章，表达了更为宽泛的设计思维理念。设计思维对人们在设计中处理棘手问题具有了越来越大的影响力。

随着设计概念的扩展和设计学研究的深入，学界和业界逐渐对设计思维形成了新的理解和认知。设计思维不同于科学思维，并非始于技术研发和为新技术寻找市场。设计思维始于人，始于人的渴望和需求。它要求在理解消费者的过程中获得灵感，并以此作为起始点，寻求突破性创新。美国 IDEO 现任首席执行官蒂姆·布朗（Tim Brown）在《IDEO，设计改变一切》一书中写道："设计思维发掘的是我们都具备的能力……设计思维不仅以人为中心，还是一种全面的、以人为目的、以人为根本的思维。设计思维依赖于人的各种能力：直觉能力、辨别模式的能力、构建既具功能性又能体现情感意义的创意的能力，以及运用各种媒介而非文字或符号表达自己的能力。没有人会完全依靠感觉、直觉和灵感经营企业，但是过分依赖理性和分析同样可能对企业经营带来损害。居于设计过程中心的整合式方法，是超越上述两种方式的'第三条道路'。"

作为一种思维的方式，设计思维被认为具有综合处理事物的能力。它能够理

解问题产生的背景，催生洞察力及解决方法，以及理性地分析和找出最合适的解决
方案。在当代设计、工程技术以及商业活动和管理学等方面，"设计思维"已成为
流行词汇，被用来描述"在行动中进行创意思考"的方式，对培育良好的创新文化
正在产生日趋深远的影响。

二、创新思维与创造性思维

广义上讲，设计就是创新。创新是设计的本质要求，也是设计行为的最终目标。
创新思维是设计思维的核心内容，设计思维则是实现设计创新的有效途径，它贯穿
于整个设计活动的始终。离开了创新，设计也就不能称其为设计，而只能是抄袭和
模仿。在设计领域中，创新思维往往与创造性思维并行使用，且差别较为细微。

创新思维是为解决实践问题而进行的具有社会价值的新颖而独特的思维活动。
或者说，创新思维是以新颖独特的方式对已有信息进行加工、改造、重组，从而获
得有效创意的思维活动和方法。创新思维的一般过程可以表述为：提出问题 ⟶ 搜
集资料 ⟶ 展开联想 ⟶ 发散思路 ⟶ 提炼思路 ⟶ 选择思路（图 4-1）。总的来
看，创新思维具有实践性、求异性、灵活性、反常规性、突发性、价值性、系统性、
新颖性等特点。

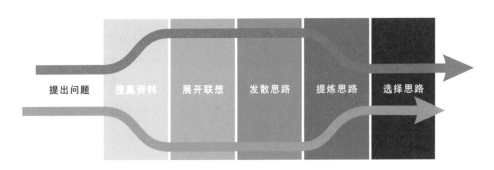

图 4-1 创新思维的一般过程

创造性思维是一种具有开创意义的思维活动，即开拓人类认识新领域、开创
人类认识新成果，是一种打破常规、开拓创新的思维形式，也是一种以感知、记忆、
思考、联想、理解等能力为基础，以综合性、探索性和求新性为特征的高级心理活
动。创造性思维体现为想出新的方法、建立新的理论、做出新的成绩，其意义在于
突破已有事物的束缚，以具有独创性、颠覆性的崭新观念或形式形成设计构思。一
项创造性思维成果往往要经过长期的探索、刻苦的钻研，甚至多次的挫折之后才能

取得，而创造性思维的能力也要经过长期的知识积累、素质磨砺才能具备。创造性思维的过程，一般为选择、突破和重构，其中包含繁多的推理、想象、联想、直觉等思维活动。创造性思维同样注重"新"和"异"，但其追求的往往是首创性、开拓性的"新"，是前无古人的独到之"异"。

从以上两个概念的含义可以看出，创新思维是一种新颖而独特的思维活动，创造性思维是一种具有开创意义的思维活动。就社会发展而言，创新与创造同等重要，其意义都在于突破已有事物的约束，以具有独创性、新颖性的崭新观念或形式帮助人类主动地改造客观世界，开拓新的价值体系和生活方式。就设计活动而言，两者从不同层面有助于开发新产品、拓展新思路、建构新策略，并持续改善和改造我们生活的世界。因此，设计思维往往也被称为设计创新思维或设计创造性思维。设计活动的过程也就是以创新思维（或创造性思维）形成设计构思并最终完成设计方案、物化为产品的过程。

三、创新思维的形式

创新思维有广义与狭义之分。一般认为，在人们提出问题和解决问题的过程中，一切对创新成果起作用的思维活动，均可视为广义的创新思维。而狭义的创新思维则是指在创新活动中直接形成创新成果的思维活动，诸如灵感、直觉、顿悟等非逻辑思维形式。创新思维的目标是获得有效的创意，它可以通过各种方法对信息进行加工、改造或者重组。而这一系列的方法则是建立在事物属性的多样性、联系的复杂性和事物变化的多种可能性的基础之上。正所谓无穷复无穷：无穷多的数量、无穷多的属性、无穷多的变化，所以有无穷多的视角、无穷多的组合、无穷多的方法，正是这些使得创新思维有的放矢，变化无穷。

创新思维的形式多种多样，常见的有以下几种：

① 发散思维，亦称扩散思维、辐射思维，是指从已有的信息出发，尽可能朝各个方向扩展，求得多种不同的解决办法，衍生出各种不同的结果。发散思维是多向的、立体的和开放型的思维。这种思路好比自行车车轮一样，许多辐条以车轴为中心向外辐射。对一个问题，从多个角度，通过多个渠道，提炼出多个观点。

② 收敛思维，亦称汇聚思维、聚合思维。与发散思维相反，收敛思维是从已知的前提条件（如方案、设想、思路、知识、经验等）出发，寻找解决问题的最佳答案，或逐步推导出唯一的结果。这种思维就像车轮的辐条全都汇聚到一个中心上

一样。所以，收敛思维是一种单一目标的、闭合式的思维。提高收敛思维能力也就是提高分析、综合、抽象、概括、判断、推理的逻辑思维能力。

③ 逆向思维，又叫逆反思维。逆向思维是与正向思维相对而言的，即突破思维定势，从相反的方向思维，这样可以避免单一正向思维和单向度的认识过程的机械性，克服线性因果律的简单化，从相向视角（如上—下、左—右、前—后、正—反）来看待和认识客体。这样的思维方式往往可以别开生面、独具一格并激发独创性，取得突破性的成果。历史上的司马光砸缸救人、声东击西、欲擒故纵、空城计，以及数学上的所谓"反证法"等都与逆向思维有关。逆向思维常常被视为创造性思维的主要表现之一。

④ 联想思维是一种把已掌握的知识与某种思维对象联系起来，从其相关性中得到启发，进而获得创造性设想的思维形式。联想越多、越丰富，则获得新的创意、新的构思和新的概念的可能性越大，简单地说就是："万事万物都是相联系的"，问题是如何将思维的对象联系起来，怎样确定联系的结合点。

⑤ 纵向思维。根据思维进行的方向可以将思维划分为纵向思维和横向思维。所谓纵向思维，是指在一种结构范围中，按照有顺序的、可预测的、程式化的方向进行的思维方式。这是一种符合事物发展方向和人类认识习惯的思维方式，遵循由低到高、由浅到深、由始到终等线索，因而清晰明了、合乎逻辑。我们平常的生活、学习中大都采用这种思维方式。

⑥ 横向思维是指突破问题的结构范围，从其他领域的事物、事实中得到启示而产生新设想的思维方式。横向思维改变了解决问题的一般思路，试图从别的方面、方向入手，因而其广度大大增加。

⑦ 直觉思维。直觉是人类的一种独特的"智慧视力"，是能动地了解事物对象的思维闪念。直觉思维能以很少的本质性现象为媒介，直接把握事物的本质与规律，是一种不加论证的判断力，是思想的自由创造。

⑧ 灵感思维。灵感是人们借助于直觉启示而对问题得到突如其来的领悟或理解的一种形式，是一种使隐藏在潜意识中的事物信息在需要解决某个问题时以适当的形式突然表现出来的创造能力。科学已经证明，灵感不是玄学，而是人脑的功能，灵感的产生需要一定的诱发因素，有其客观的发生过程，是偶然性与必然性的统一，具有时间上和空间上的不确定性。

第二节　关于设计方法

一、设计方法与设计方法论

方法，最初是指"测定方形之法"，即量度方形的法则。《墨子·天志中》写道："中吾矩者谓之方，不中吾矩者谓之不方，是以方与不方，皆可得而知之。此其故何？则方法明也。"方法现指为达到某种目的而采取的途径、步骤、手段等，包括在任何一个领域中的行为方式，是用以达到某一目的手段的总和。

诚然，无论做什么事情都要采用一定的方法。方法的正误、优劣直接影响工作的成败或优劣。所谓"事半功倍"与"事倍功半"的差别，就在于方法的应用得当与否。自古以来，方法一直是人们关注的问题。随着社会的进步，人们认识和改造世界的任务更加繁重、复杂，方法的重要性也就更加突出，其所采取的措施和手段也得到根本性的更新。如传统的手工艺制品的创作多是凭借设计师的经验、感觉、艺术创作灵感等进行直觉的思考，而现代产品的开发设计则采用的是科学严密的逻辑分析、细致的研究计算与系统的创新思维相结合的综合性方法（图4-2、图4-3）。

方法论属于哲学层面的问题。以方法为对象的研究，已经成为独立的专门学科，即科学方法论。科学方法论的发展大致经历了四个时期：自然哲学时期（16世纪以前）、以分析为主的方法论时期（16—19世纪）、分析与综合并重的方法论时期（19世纪40年代—20世纪中叶）、综合方法论时期（20世纪中叶至今）。其研究内容也大致分为四个层面：经验层面、具体层面、通用层面和哲学层面。设计方法论则是在此基础上于20世纪60年代兴起的一门学科，主要是探讨工程设计、建筑设计

图4-2　传统紫砂壶的简要制作工艺流程

和工业设计的一般规律和方法，涉及哲学、心理学、生理学、工程学、管理学、经济学、社会学、美学、思维科学等领域。

就设计学而言，设计方法论与设计方法常常被混为一谈。实际上，设计方法论是以设计活动领域为研究对象，所针对的是"设计"本身，而不是为设计实践提供具体方法。严格来讲，设计方法论是一个学科，属于哲学范畴，其研究内容包括设计活动、设计过程、设计性质、设计知识论和设计问题结构等，可具体分为系统设计方法论、用户设计方法论、直觉设计方法论等。设计方法则是在设计过程中使用的方法，如形态创新法、类型法、解构法等。使用这些方法的目的是帮助设计师进行创意、构思、分析和表达，以设计出具体的产品或构思出其他设计方案。当然，设计方法通常是建立在设计实践经验的基础之上的，而不同的国家、地区和企业所采用的设计方法也存在着一定的差异。如德国偏重于通过系统化的逻辑分析，使设计的方法和步骤规范化与理性化；美国重视创造性开发及产品商业化的方法研究；日本则致力于产品自动化、人机交互关系及文化表达方法等的研究。正是由于采取了不同的设计方法，各国才形成了自己独特的设计风格。

二、设计方法的类型

广义上讲，设计方法是设计思维的反映。如前所述，思维是人脑对客观事物间接的、

图 4-3 德拉沃尔大厦椅子的设计与制作过程

概括的反映，设计思维则是设计过程中思考问题的方式，以及对解决问题的方式和方法的组织与整合，并最终通过设计表现形式付诸实现。而设计方法是设计师对这种独特的创新思考方式的提炼、概括、归纳与总结，并且经过了设计实践的检验。产品设计中常用的设计方法有：功能论设计方法、以用户为中心的设计方法、设计调查法、商品化设计方法、人性化设计方法、系统论设计方法等。

我们说，设计是一种创造性活动，是从发现问题到解决问题的创新过程。这一过程可以区分为两部分：设计思维（design thinking）与设计制造（design making），简言之，就是"动脑"和"动手"。设计思维，关乎理性的逻辑与感性的创造，当然还包括敏锐的洞察力、丰富的经验和专业能力等；设计制造，关乎研发、生产、材料、工艺及商品化等一系列技术内容。从这一角度来看，设计方法也可以区分为设计思维方法（设计的创新思维方法）与设计制造方法（设计的技术方法）。

1. 设计思维方法

设计思维方法，主要指为了实现设计目标所运用的途径、手段或方法，是在设计思维过程中所运用的工具和手段。与其他学科不同，设计所面对的问题通常是不清晰的，而且在设计过程中对问题的定义往往也会发生变化，解决问题的路径和最终结果也并不是唯一的。因此，设计思维方法是一个综合性和动态性的概念，在不同阶段和过程中，设计所采用的方法和工具是有差异的、多样的。一般的思维方法，如归纳与演绎、分析与综合、抽象与概括、比较思维、因果思维、逆向思维等，都对设计思维过程有所帮助,但对具体的设计实践却不能形成明确有效的创新概念。设计作为一种创新活动，在其研究和实践中逐渐形成了自身特有的思维方法。对设计师而言，设计方法的运用主要集中在创新思维方法上，其目的是获得突破性或颠覆性的创意和构思。

创新思维方法，也被称为创造技法、创造工学或发想法，是人们根据经验总结出来而又被实践证明行之有效的创新手段和途径。它通常被企业和组织机构用作创新思维的训练，以提高个人或团队的创新能力，是一种行之有效的设计研发方式。目前，人们总结出的创新思维方法达300余种，有的还是根据各国人民的不同思维方式与国情特点进行的总结。在设计领域中，应用最广泛的创新思维方法主要有群体激智类方法、发散分析类方法、联想演绎类方法等。随着设计研究的深入，创新思维方法被广泛引入设计过程中，逐渐建构起行之有效的创新设计理论。

2. 设计制造方法

设计是一个从无到有的创造过程，在这一过程中设计思维主要解决概念、创意、构思等所谓"创"的部分，而关于概念视觉化、方案商品化等"造"的部分，则需要采取具有针对性的方法、工具和途径，这些被称为技术方法。在实际设计活动中，技术性方法能够起到合理化、清晰化、可视化设计和加速设计进程的作用。其具体内容包括：调研方法、草图技法、CAD 及其他绘图程序支持方法、原型制作方法、多媒体技术的支持、虚拟现实建模语言的支持、人机交互设计方法以及其他信息技术参与的设计和表达方法。尤其是在产品设计领域，现代的高科技手段被广泛应用于设计过程的各个环节之中，并逐渐改造或替代传统的产品设计方法，建立起一套适用于现代企业进行产品设计和创新研发的方法体系。如传统手绘技法中的喷绘效果图、水粉水彩效果图等已被计算机制图和各类图形软件、电子绘图板所替代，综合设计表达手段明显提高并不断充实。总的来看，现代设计的技术方法主要朝着数字化、并行化、智能化和集成化的方向发展，而且随着交互技术、虚拟现实技术、3D 打印与快速成型技术等新技术的应用，技术手段在设计思考与方案呈现等方面的参与度和助益性明显增强，产品设计研发与产品生产制造等环节的结合也将更为紧密。

三、现代设计方法学的研究与发展

设计活动是一个在实践中探寻满足功能需求的最优方案的过程，而如何去寻找，就构成了设计方法研究的主要内容。设计方法是在设计实践中逐渐被人们总结出来的一系列有效、可行的策略和方式，既包括技术方法的内容，也有工程方法的知识，而且不同历史发展阶段的科学与技术状况不同，设计方法也存在差异。对现代设计方法的研究和探索是从 20 世纪 60 年代开始的。联邦德国机械工程学会在 1963 年召开了名为"关键在于设计"的全国性会议。会议认为，改变设计方法落后的状况已经到了刻不容缓的时候，必须研究出新的设计方法和培养新型设计人才。之后，经过教育界和设计界专家的探索和实践，终于形成了新的设计方法体系——设计方法学。美国、日本、英国等也在这一时期开始了设计方法学的研究，并形成了各具特色的设计方法学。我国设计方法学的研究是从 20 世纪 80 年代初正式开始的，主要借鉴了德国和日本的设计方法学体系。

设计方法学是对设计方法的再研究，是关于认识和改造广义设计的根本科学方法的学说，是探讨设计领域最一般的规律的科学，也是对设计领域的研究方式、方法的综合。现代设计方法学的主要范畴和常用研究方法主要有以下几种：

1. 系统论方法

系统论是由美籍奥地利生物学家贝塔朗菲（Bertalanffy）创立的，是一门逻辑和数学领域的科学。系统论方法指用系统的思想，按照系统的特性和规律认识客观事物，解决和处理各种设计问题的科学方法。其分析流程一般包括系统分析（管理）→系统设计→系统实施（决策）三个步骤，所应用的方法主要有系统分析法、聚类分析法、逻辑分析法、模式识别法、系统辨识法等，同时也会借助人机系统等观点研究设计的程序等。如产品设计通常被置于"人—机—环境—社会"的系统之中进行研究。

2. 信息论方法

信息论是由美国贝尔电话研究所的数学家申农（Shannon）创立的，是一门应用数理统计方法研究通信和控制系统中普遍存在着的信息处理和信息传递规律的科学。信息论方法就是运用信息论观点，把系统看作是借助信息的获取、加工、处理、传递而实现其目的的运动过程。设计本身就是建立在信息基础之上的实践行为，因此，信息论方法构成了现代设计的前提，具有高度的综合性。其常用方法有预测技术法、信号分析法和信息合成法等。

3. 控制论方法

控制论是美国数学家维纳（Wiener）创立的，是数学、逻辑学、数理逻辑学、生理学、心理学、语言学以及自动控制和电子计算机等学科相互渗透的边缘理论。控制论方法是一种关于系统的控制过程和特征的横向科学方法，重点研究动态的信息与控制、反馈过程，以使系统在稳定的前提下正常工作。与其有密切联系的方法有：功能模拟方法、黑箱模拟方法和最优化方法。控制论方法有助于我们从整体上有机地把握和认识信息的传播过程。

4. 突变论方法

突变论是法国数学家托姆（Thom）创立的，是通过对事物结构稳定性的研究，来揭示事物质变规律的学问。突变论方法是根据人脑质的飞跃来建立数学模型的理论和方法。突变论机理上的创造性是人类不断开拓、无穷发展的关键，其思维方法与工具的变革是人类赖以持续发展的根本，所以，运用突变论方法可以将普通设想变为创造性的设计。其方法主要有智暴技术、激智技术、创造性思维等。

5. 离散论方法

离散论方法是指将复杂的广义系统离散(将设计对象进行有限细分和无限细分，使之更逼近于问题的求解）为有限或无限单元，以求得总体的近似与最优解答的理论与方法。设计中常用的离散论方法有有限单元法、边界元法、隔离体法、离散优化法等。

6. 智能论方法

智能论方法是指运用智能理论，采取各种途径、工具去认识、改造、设计各种系统的理论与方法，其重点在于发掘一切智能载体，特别是人脑的潜力（推理判断、联想思维等）为设计服务，也可以利用计算机技术和人工智能等来辅助设计。常用的智能论方法有计算机辅助设计（CAD）、计算机辅助工程（CAE）、计算机辅助制造（CAM）、智能机器化等。

7. 优化论方法

优化论方法是指在一定的技术和物质条件下，按照某种技术和经济准则，针对给定的设计目标，用数学方法找出最优设计方案的方法和理论，这是现代设计的宗旨。常用的优化论方法有线性和非线性规划、动态规划、多目标优化等优化设计法，以及优化控制法、优化试验法等。

8. 对应论方法

对应论方法是指将同类事物间（称为相似）和异类事物间（称为模拟）的对应性作为思维、设计的主要依据的方法。它重在对各类事物间存在的某些共性或相似性进行适当的比拟和组合，进而达到创新的目的，通常用于已有成熟的参照对象而尚未掌握设计对象性状的情况。常用的对应论方法有类比法、相似设计法、模拟法、模型技术和符号设计法等。

9. 寿命论方法

寿命论方法是指设计中以产品的使用寿命为依据，保证使用寿命周期内的经济指标与使用价值，同时谋求必要的可靠性与最佳的经济效益的方法和理论。常用的寿命论方法有可靠性分析预测、可靠性设计和功能价值工程等。

10. 模糊论方法

模糊论方法是指运用模糊分析而避开精确的数学设计的理论与方法，主要用于模糊性参数的确定、方案的整体质量评价等方面。常用的模糊论方法有模糊分析法、模糊评价法、模糊控制法、模糊设计法等。

综上所述，现代设计方法论中的设计方法种类繁多，而且多偏重于工程设计，具有很强的理性、逻辑性和科学性，并非适合于每项设计，也并不是任何一个系统的设计都需要采用所有的设计方法加以分析。工业设计是综合性、交叉性的学科，设计过程中需要综合上述方法加以考虑和研究，灵活运用适当的方法来促进设计行为的展开，避免教条式的照抄照搬。

第三节　设计过程中的典型设计方法

一、设计程序与方法的关系

就具体的设计实践活动而言，设计方法与设计程序（或过程）是紧密联系在一起的一个系统。程序决定了设计的过程和步骤，方法则决定着设计的措施和效果。设计程序本身需要有具体的方法和整体的战略进行指导和支持，设计方法也必须根据具体的设计程序进行调整和变化。简单来说，设计过程其实也是设计方法运用的过程，设计方法是整个设计过程中所运用的方法和策略。在不同国家、不同时期，面对不同的设计对象时，设计方法的选择和运用也各不相同，常用的有价值工程与价值创造、黑箱法、评估法等。在现代工业技术和机械化生产的环境下，程序与方法的关联性更加紧密。设计程序由传统的线性过程（参见第三章内容）转化为时间、逻辑和方法三维合一的过程（图4-4），并且并行工程和并行设计的概念在企业开发设计中的应用也愈发广泛，这使得设计方法向着综合性与系统化的方向发展。

从设计程序与方法的目的性来看，二者的关系表现为以下几点：

① 设计程序呈现出发射状的多维线性关系。现代设计的交互性和并行性特征要求其必须打破传统的单线设计程序，即在设计之初就要将企业的生产、销售、设计联系起来并行展开，形成一个信息共享平台，使设计者可以随时根据生产和市场调整设计

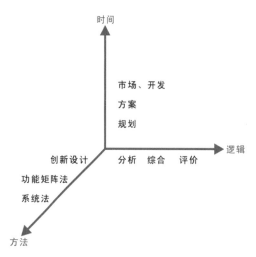

图4-4　设计方法、逻辑与时间的三维合一

（图 4-5）。

② 设计方法是针对具体环节和过程的措施，具有内聚性特征。任何方法都是针对具体问题的，设计方法也不例外。现代设计方法的应用贯穿整个设计过程，如创新思维、设计分析、设计评估及市场预测等环节，都离不开设计方法的应用（图4-6）。

③ 设计程序为方法的应用提供了平台，而设计方法则保证了程序的通畅和效率（图4-7）。

二、不同设计阶段的设计方法

企业要实现设计创新，就必须了解整个产品生命周期里的创新设计流程，并明确设计过程的不同阶段需要采取哪些具体的方法和手段。对于不同的设计项目或设计实践，设计方法或许很简单，如拼贴法、2×2示意图等；也可能极其复杂，如针对某个调研活动建立一套用于分析和分享数据的专业软件系统。正如一位顶尖的木匠师傅在建造木屋或制造木椅

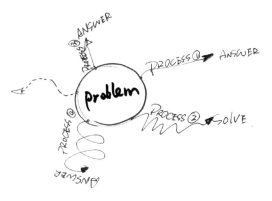

图 4-5 设计程序的发散性示意图：从同一个问题出发，可以选择不同的设计程序

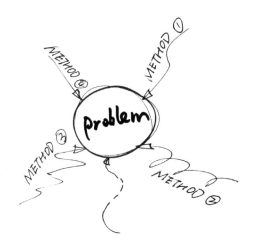

图 4-6 设计方法的内聚性示意图：不同的设计方法针对同一个问题来应用

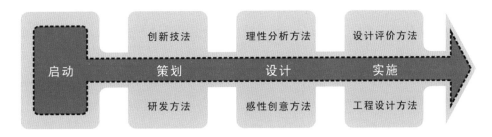

图 4-7 设计程序各阶段应用的设计方法

时，会娴熟地挑选和使用不同的工具，成功的创新者和设计师也需要熟练掌握各种不同的设计方法，并在不同的设计阶段做出相应的选择。下面对几种设计过程模型所采用的设计方法进行汇总，以供设计实践参考。

1. 美国伊利诺伊理工大学维杰·库玛教授的企业创新 101 设计法（图 4-8）

如第三章所述，库玛教授围绕以用户为中心的设计理念，针对产品创新与体验建立了一套创新设计流程。该流程将企业的设计创新行为细化为 7 个阶段，即确立目标、了解环境、了解人群、构建洞察、探索概念、构建方案和实现产品。企业通过该流程对创新行为加以规范化，并确保创新团队能够在相应阶段选择适用的方法和手段。库玛教授还针对每一模式归纳并整理了适用的设计方法，以期培育企业的创新机制。

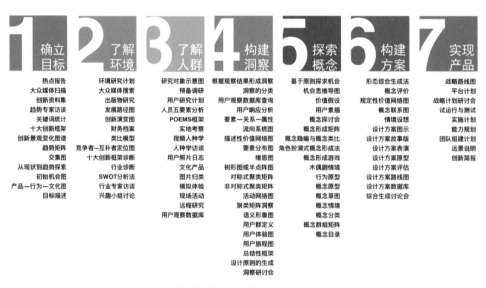

图 4-8　库玛教授的创新设计流程及各阶段适用设计方法

2. 荷兰代尔夫特理工大学工业设计工程学院的设计方法（图 4-9）

代尔夫特理工大学工业设计工程学院在教学上以设计方法见长，且与众多企业进行项目合作。其设计教学始终围绕人、商业和科技这三大核心理念展开，并采用系统化方法，随着时代的发展不断拓展设计范畴，将设计方法适用对象由最初的产品造型延伸至产品的系统、模式、服务、品牌等领域，逐渐建构起针对"大设计"概念的设计方法体系。

3. 美国卡内基梅隆大学布鲁斯·汉宁顿和贝拉·马丁的100个设计方法（图4-10）

美国卡内基梅隆大学的布鲁斯·汉宁顿（Bruce Hanington）致力于人性化设计方法的教学实践和研究，尤其侧重设计民族志、设计参与性和不同文化脉络下的造型意义等方面。他与设计师贝拉·马丁（Bella Martin）合作出版了《通用设计方法》（*Universal Methods of Design*）一书，将搜集整理的100种以用户研究和方案延伸为主的设计方法、技巧整理成册，为设计团队的设计活动提供参考。通过对不同方法和技巧的应用，可以在设计团队、用户、利害关系人等角色之间建立起必要的对话，进而在设计过程中探索最佳的解决方案。

图4-9　代尔夫特理工大学工业设计工程学院的设计方法体系

图4-10　汉宁顿和马丁的设计方法

4.美国 IDEO 的 51 张创新方法卡片（图 4—11）

作为全球最大的设计咨询公司之一，IDEO 不仅致力于产品设计开发和为企业进行设计提案，而且专注于对终端用户需求和体验的分析与研究，以及在全球设计界与企业界推广设计思维、引导创新。每一项设计任务，IDEO 都从了解产品用户开始，专注聆听他们的个人体验和故事，悉心观察他们的行为并理解其感受，从而洞察现在的需求和渴望，并以此为灵感来展开设计。就设计方法而言，IDEO 的设计活动是受设计思维主导的，较为重视人类学研究、心理学实验及创新思维的运用，而且针对不同的设计项目，往往会采用不同的方法，无论是产品、界面、空间，还是服务和体验等，均是如此。其创新通常来自三个方面的结合：用户的需求性、商业的延续性以及科技的可行性。IDEO 的设计师们通过对多年设计项目实施过程的梳理和分析，汇总成一套包括 51 种设计方法或创新技巧的创新方法卡片。其内容可归纳为分析（learn）、观察（look）、询问（ask）和尝试（try）四大类。卡片通过示意图和说明文字的组合，让复杂的设计方法变得直观易懂，便于设计师在实际设计过程中参考和应用。

Learn 分析	**Look** 观察	**Ask** 询问	**Try** 尝试
• 人体测量分析	• 个人物品清单	• 文化探求	• 场景测试
• 故障分析	• 快速民族志研究	• 极端用户访谈	• 角色扮演
• 典型用户	• 典型的一天	• 画出体验过程	• 体验草模
• 流程分析	• 行为地图	• 非焦点小组	• 快速随意的原型
• 认知任务分析	• 行为考古	• 五个为什么	• 移情工具
• 二手资料分析	• 时间轴录像	• 问卷调查	• 等比模型
• 前景预测	• 非参与式观察	• 叙述/出声思维	• 情景故事
• 竞品研究	• 向导式游览	• 词汇联想	• 未来商业重心预测
• 相似性图表/亲和图	• 如影随形/陪伴/跟随	• 影像日记	• 身体风暴
• 历史研究	• 定格照片研究	• 拼图游戏	• 非正式表演
• 活动研究/行为分析	• 社交网络图	• 卡片归类	• 行为取样
• 跨文化比较研究		• 概念景观	• 亲自试用
		• 驻外人员/地域专家	• 纸模
		• 认知地图	• 成为你的顾客

图 4—11　IDEO 的创新方法卡片

第四节　产品设计的创新思维方法

一、群体激智类方法

随着现代科学技术与经济的发展，设计创新所涉及的领域和内容越来越多，诸多项目单靠个人的力量已难以胜任。如通用汽车的开发需要 700 人的设计团队通力合作，波音飞机的研发则需要近 7000 人的研发团队。团队合作与多专业人才互动协作逐渐成为现代设计创新的主要形式。群体激智类方法是一种激励集体思考的方法。当一批富有个性的人集合在一起时，由于在起点、掌握的材料、观察问题的角度和研究方法等方面的差异，会产生各自独特的见解，然后，通过相互间的启发、比较甚至是责难，从而产生具有创造性的设想。其主要包括以下几种具体方法。

1. 智力激励法（头脑风暴法）

智力激励法，又被称为畅谈会法、脑轰法、奥斯本智暴法，是由美国创造学家奥斯本（Osborn）于 1901 年提出的最早的创造技法，是一种激发群体智慧的常用方法，尤其是在设计相关行业中的应用最为普遍。这种方法一般采用小型会议（5—10 人）的形式对某个方案或规划进行咨询或讨论，与会人员可以畅所欲言，不必受任何条条框框的约束。会议的目的是通过畅谈产生连锁反应、激发联想，从而产生较多较好的设想和方案。这些设想既可天马行空，也可异想天开，无需考虑实际的可行性等问题。具体设计项目的头脑风暴会议，需要采用有效的形式记录每个人的想法和建议，进而转化成视觉化的概念，这往往需要配合各种矩阵量表和便于快速记录的便利贴。尤其是便利贴，它已经变成了创新思维的重要工具，可以帮助设

图 4—12　Design for health 设计项目头脑风暴创意汇总

计师在极广的范围内快速捕捉到大量有价值的想法，并通过各种感性或理性的排列组合促发灵感，进而形成指向解决方案的概念。图 4-12 为健康产品研发的头脑风暴会议上产生的想法汇总，这在 IDEO 公司被称作"蝴蝶测试"。如第三章所提到的，IDEO 公司针对头脑风暴法的应用总结出了 7 条原则：暂缓评论、异想天开、借题发挥、多多益善、视觉化（图文并茂）、不要跑题和一次一人发言。具体来说，应用此方法时应注意以下原则：

① 排除评论性判断——对提出的设想不在会议上当即评论，可在会后再评论。

② 鼓励自由想象——提出的设想看起来越荒唐，可能越有价值。

③ 要求提出一定数量的设想——设想的数量越多，可能获得的有价值的方案也越多。

④ 探索与研究，对设想进行综合改进——要求与会者除了提出本人的设想外，还必须提出改进他人设想的建议，或者把他人的若干设想加以综合，提出新见解。

智力激励法的一般步骤为：

① 选定主题，讨论问题，召开小组会议。

② 主持人向与会者解说必须依从的规则，并鼓励与会者积极参与。

③ 主持人激发及维持团队合作的精神，保证自由、融洽的气氛。

④ 主持会议，引发组员互相讨论。

⑤ 记录各组员在讨论中所提出的意见或方案。

⑥ 共同拟定评估标准，选取最有效的问题解决方案。

2. 分合法

分合法（Synectice），又称综摄法、提喻法、集思法或戈顿法，是美国的戈顿（Gordon）教授在分析了奥斯本的头脑风暴法存在的弱点之后提出的一种创新思维方法。其主要是通过将原不相同亦无关联的元素加以整合，从而产生新的意念或面貌。"分合"的本义是将明显不相关的要素联合起来。分合法利用模拟与隐喻的方式来协助分析问题，以产生各种不同的观点。分合法的创造过程主要体现为两种心理模式：使熟悉的事物新奇化和使新奇的事物熟悉化。戈顿的分合法主要是运用"譬喻"（metaphors）和"类推"（analogies）的方法来协助分析问题，并形成相异的观点。

① 譬喻的功能在于使事物之间形成"概念距离"，以激发"新思"。通过提供新颖的譬喻架构，参与者可以以新的途径去思考所熟悉的事物，如"假若手机

像……"。相反，也可以以旧有的方式去思索新的主题，如以"飞虎队"或"军队"比拟人体免疫系统。参与者通过自由地思索日常生活中的事物或经验，可以变得敏锐并提升变通及独创的能力。

② 戈顿提出了四种具体的类推方法：

• 狂想类推（fantasy analogy），鼓励参与者尽情思索并产生多种不同的想法，甚至可以牵强附会或构想不寻常的观念，然后，再回到对"观念"的实际分析和评鉴。常用句型是"假如……就会……"或"请尽量列举……"。

• 直接类推（direct analogy），指将两种不同的事物，彼此譬喻或类推，此方法要求参与者找出与实际生活情境类同的问题情境，或直接比较相类似的事物。直接类推法可以更简单地比较两事物或概念，并将原本的情境或事物转换到另一情境或事物，从而产生新观念。

• 拟人类推（personal analogy），指将事物拟人化或人格化，如计算机的视像接收器是对人眼功能的模仿。又如，保家卫国的军队就像人的免疫系统，各部分发挥其独有的功能，互相协调和配合，发挥最大的抵抗疾病的功能。

• 符号类推（symbolic analogy），指运用符号的象征含义类推，如在诗词之中利用一些字词引申出高层次的意境或观念。例如，我们见到万里长城便感到其雄伟之气势并联想起祖国，看见交通灯便意识到规则。符号类推具有"直指人心，立即了悟"的效果。

通常，在创新会议中应用分合法的具体做法是：

① 会议组织者将讨论的问题抽象化或整合成新的概念，使与会者在更广阔的空间内构思方案。

② 与会人员针对抽象化问题，采用譬喻或类推的方法进行发想，主持人应适当引导讨论方向。

③ 讨论接近实际议题时，主持人揭示会议实际讨论的题目。

④ 会议转为头脑风暴法，继续进行。

分合法是广泛性的议题向具体议题、抽象性议题向具象议题展开的过程，因此，对议题的抽象归纳直接影响着讨论的范围和方向。假设要开发新型手机，奥斯本智力激励法通常会宣布：议题是新型手机设计；而戈顿法则会在会议之初提出"沟通""交流"之类的抽象、简单的词汇，等产生众多方案之后再宣布真正议题是手机设计，进而展开更具体、深入的讨论。

3. K J 法

K J 法是由日本文化人类学者川喜田二郎教授于 1964 年首创的，是日本最流行的一种创新思维方法，K J 是他英文名字 Kawakita Jiro 的首字母。K J 法是以卡片排列的方式收集大量资料和事实，进而从中提炼问题或产生构想的创新思维方法。总的来讲，K J 法是关于提出设想和整理设想的方法，其主要特点是在比较分类的基础上由综合求创新，重点是将基础素材卡片化，通过整理、分类、比较进行发想（图 4-13）。其执行步骤一般为：

① 准备。主持人和与会者 4—7 人，准备好黑板、粉笔、卡片、大张白纸、文具。

② 头脑风暴法会议。主持人请与会者提出 30—50 条设想，并将设想依次写到黑板上。

③ 制作基础卡片。主持人同与会者通过讨论，将提出的设想概括为 2—3 行的短句并写到卡片上，每人写一套，这些卡片被称为"基础卡片"。

④ 分成小组。让与会者按自己的思路各自进行卡片分组，把内容或某个方面相同的卡片归在一起，并加一个适当的标题，用绿色笔写在一张卡片上，称为"小组标题卡"。不能归类的卡片，每张自成一组。

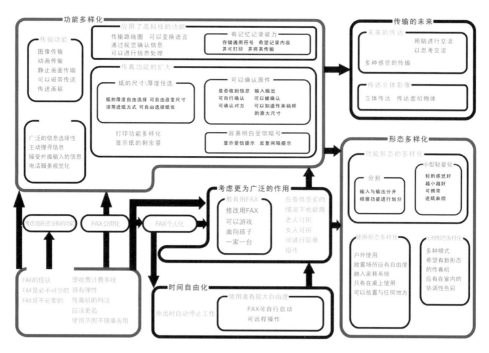

图 4-13　针对家用传真发展的 KJ 卡

⑤ 并成中组。将每个人所写的小组标题卡和自成一组的卡片都放在一起。经与会者共同讨论，将内容相似的小组卡片归在一起，再加一个适当标题，用黄色笔写在一张卡片上，称为"中组标题卡"。不能归类的自成一组。

⑥ 归成大组。经讨论再把中组标题卡和自成一组的卡片中内容相似的归纳成大组，加一个适当的标题，用红色笔写在一张卡片上，称为"大组标题卡"。

⑦ 编排卡片。将所有分门别类的卡片，以其隶属关系，按适当的空间位置贴到事先准备好的大纸上，并用各种简单符号表示出卡片组间的逻辑关系，即将卡片内容图解化、直观化。如编排后发现它们之间不存在联系，可以重新分组和排列，直到找到联系。

⑧ 确定方案。卡片分类能暗示出解决问题的方案或最佳设想。然后，经会上讨论或会后专家评判，确定方案或最佳设想。

4. CBS 法

CBS 法，又称"卡片式智力激励法"，是由日本创造力开发研究所所长高桥诚根据奥斯本智力激励法发展而成的一种创新技法。这种方法通过宣读卡片来产生"思想共振"，进而达到激发设想和创意的目的。其具体做法是：

① 召开小组会议（3—8 人），限时 1 小时，与会者每人发放 50 张卡片，另需 200 张卡片备用。

② 与会者根据议题进行发想，将意见和设想填写在卡片上，每张卡片填写一个设想，限时 10 分钟。

③ 与会者轮流宣读卡片，每人每次只宣读一张卡片。宣读后其他人可以质询，也可以将受启发后的新设想填入备用卡片上。如此循环，限时 30 分钟。

④ 与会者就各种设想进行交流和深入探讨，继续诱发设想和构思，限时 20 分钟。

5. 635 法

635 法，又称"默写式智力激励法"，是德国创造学家鲁尔巴赫（Bernd Rohrbach）对奥斯本的智力激励法加以改进后，提出的一种以书面阐述为主的智力激励法。会议要求 6 人参加，5 分钟内完成 3 个设想，故被称为"635 法"。其具体程序是：

① 主持人宣布议题，解释相关问题，并给每个人发放设想卡。卡片上标有1、2、3 三个号码，号码间留有填写方案设想的足够空间（用横线隔开）。

② 与会 6 人根据会议主题分别写出 3 个方案，要求在 5 分钟内完成。

③ 5 分钟一到，将写好的卡片传给右邻的与会者，再继续填写 3 个设想。

④ 如此，每隔 5 分钟交换一次卡片，共传递 6 次，30 分钟为一个循环，可以产生 108 个设想。

6. 7×7 法

7×7 法是美国企业管理顾问卡尔·格雷戈里（Carl Gregory）根据奥斯本智力激励法开发的一种创新技法。格雷戈里认为，奥斯本的智力激励法所开发的提案只是初步的、抽象的、缺乏具体性的方案，7×7 法则是为消除这些缺点而开发的方法。其做法是将智力激励法所提出的方案和设想汇总在 7 项之内，然后通过与会者的批判与研讨确定其重要程度，再按名次制定解决设计问题的具体措施。其程序一般为：

① 召开小组会议，提出议题，运用头脑风暴法构思设想和方案，填写卡片。

② 审视卡片，将记录有类似构想方案的卡片分为 7 组，用序号标注组名。

③ 通过讨论确定各组的重要程度，依次排列起来，并选出 7 张代表性的卡片。若卡片超过 7 张则放弃多出的，如在 6 张以下则全部保留。

④ 将各组内容进行概括，制作标签。

⑤ 针对 7 个标签的内容提出具体的解决措施。

二、发散分析类方法

创新思维所要解决的最大问题是思维定势，人们很容易受到现有知识和传统观念的局限和束缚，难以开拓思路、拓展视角。创新是要在人们司空见惯、见怪不怪的事物中寻找问题、见微知著，并提出标新立异的见解和设想。因此，通过对现有事物或常见事物的分析和发散性的构想，从不同的角度、层面去探讨、思考就成了创新思维的常用方式。发散分析类方法主要包括以下几种：

1. 形态分析法

形态分析法，又称"形态矩阵法""形态综合法"或"棋盘格法"，是由美国加利福尼亚州理工学院天体物理学家兹维基（Zwicky）教授首创的一种创新技法。形态分析法以系统的观点看待事物。首先，把事物看成是几个功能部分的组合，然后，把系统拆成几个功能部分，并分别找出能够实现每一个功能的所有方法，最后，将这些方法进行排列组合。兹维基教授在二战期间参与了美国火箭的研制，他用形态分析法轻而易举地在一周之内提出了 576 种不同的火箭设计方案。这些方案几乎包括了当时所有可能制出的火箭的设计方案。形态分析法的一般步骤为：

① 明确地提出问题，并加以解释。

② 把问题分解成若干个基本组成部分，每个部分都有其明确的定义和特性。

③ 建立一个包含所有基本组成部分的多维矩阵（形态模型），这个矩阵应包含所有可能的解决方案。

④ 检查这个矩阵中所有的方案是否可行，并加以分析和评价。

⑤ 对各个可行的方案进行比较，从中选出一个最佳的方案。

以新型单缸洗衣机的开发项目为例，可以采用形态分析法建立如表 4-1 的形态模型。利用表 4-1 可以进行各功能之间的形态要素的排列组合，从理论上说，能够得到 $3 \times 4 \times 3 = 36$ 种方案。在对这 36 种组合的分析中，我们可以发现组合方案 A1—B1—C2 属于普通的波轮式洗衣机；组合方案 A1—B2—C3 可以构成一种电磁振荡式自动洗衣机；组合方案 A1—B3—C2 可以构成一种超声波洗衣机；而组合方案 A2—B4—C1 可以构成一种简易的小型手摇洗衣机，技术相对落后。

功能		技术手段			
		1	2	3	4
A	盛装衣服	铝桶	塑料桶	玻璃钢桶	
B	洗涤去污	机械摩擦	电磁振荡	超声波	热胀分离
C	控制时间	人工手控	机械控制	电脑自控	

表 4-1 单缸洗衣机的形态分析模型

2. 检核目录法

检核目录法，又称"检核表法""稽核问题表法""核对表法""查表法"等，即针对某一方面的独特内容，把创新思路按照一定逻辑归纳成一些用以检核的条目，制成一览表；然后，在创新设计过程中，运用丰富的想象力，参照表中列出的项目，对具体问题逐一核对论证，从而获得创造性的设想。这种方法可以让设计者在创新过程中有所依循，避免漫无目标、不切实际的构思过程，节约创新时间，让创新思考过程系统化。

目前，各国已总结和创造出各具特色的检核目录法，但大多是对奥斯本检核目录法的发展或演绎。常用的检核目录法主要有以下几种：

① 奥斯本检核目录法（表4-2），它是现在所有检核法中最常用、最受欢迎的。其具体内容可概括为9组：相反（Reverse）、转化（Transfer）、合并（Combine）、改变（Change）、延伸（Extend）、放大（Enlarge）、缩小（Reduce）、替代（Substitute）、重新配置（Rearrange）。

奥斯本检核目录		
相反	Reverse	可否以相反的作用或方向做分析？
转化	Transfer	是否有其他用途？
合并	Combine	可否重新组合？
改变	Change	能否修改原物特性？
延伸	Extend	能否应用其他构想？
放大	Enlarge	可否增加些什么？
缩小	Reduce	可否减少些什么？
替代	Substitute	可否以其他东西代替？
重新配置	Rearrange	可否更换顺序或模式？

表 4-2　奥斯本检核目录

② 奔驰法，即SCAMPER检核目录法（表4-3）。艾伯尔（Eberle）参考了奥斯本的检核表，于1971年提出另一种名为"奔驰法"的检核目录法，在产品改良设计中常被应用。这种检核表以7个英文单词的字首代表7种改进或改变的方向，以帮助推敲出新的构想。SCAMPER的意义包括：替代（S）、合并（C）、调适（A）、

修改（M）、其他用途（P）、消除（E）、相反或重排（R）。虽然只有七个英文字母，却包含丰富的内容。

\multicolumn{4}{c}	SCAMPER检核目录	
S	替代	Substitute	何物可被替代？
C	合并	Combine	可与何物合并为一体？
A	调适	Adapt	原物可否有需要调整的地方？
M	修改	Modify Magnify	能否修改原物特质或属性？
P	其他用途	Put to other uses	能否有其他非传统的用途？
E	消除	Eliminate	可否将原物变小？浓缩？或省略某些部份？
R	相反或重排	Reverse Rearrange	可否重组或重新排序？或把相对位置对调？

表 4-3　SCAMPER 检核目录

③ 创意十二诀检核目录法（表 4-4）是由华人学者张立信等依据检核目录法的原则，提出的 12 种改良物品的检核目录法。

3. 设问法

设问法是一种以提问的方式寻求创新的途径，也是最早、最常用的创新技法之一，适用于各种类型的创新活动。其特点是抓住事物具有普遍意义的方面进行提问，以发现原有产品设计、制造、营销等环节的不足之处，找出需要改进的地方，从而开发出新产品。常用的设问法有奥斯本设问法、5W2H 法等。

① 5W2H 法（表 4-5）又称"七何检讨法"，是六何检讨法（5W1H）的延伸。该方法的优点是可以提示讨论者从不同的层面去思考和解决问题，一方面可以找出

创意十二诀检核目录	
增添，增强，附加	某些东西(物品)上可以加添些什么？ 或如何提高其功能？
删除，减省	在某些东西(物品)上可减省或去掉些什么？
变大，扩张延伸	可否使某些东西(物品)变得更大或加以扩展？
压缩，收细	能否缩细、缩窄或压缩某些东西或物品？
改良，改善	能否改良某些东西(物品)从而减少其缺点？
变换，改组	可否改变某些东西(物品)的排列次序、颜色、 气味等？
移动，推移	把某些东西(物品)搬到其他地方或位置， 也许会有别的效果或用处。
学习，模仿	可否学习或模仿某些东西或事物， 甚至移植或引用某些别的概念或用途？
替代，取代	有什么东西(物品)可以替代或更换？
连接，加入	考虑把东西(物品)连接起来， 或加入另一些想法？
反转，颠倒	可否把某些东西(物品)的里外、上下、 前后、横直等颠倒一下，产生新效果？
规定、规限	考虑在某些东西或事物上加以规限或规定， 从而改良事物或解决问题？

表 4-4　创意十二诀检核目录

产品的缺点，另一方面亦可扩大其优点或效用。根据问题性质的不同，可采用各种不同的发问技巧来检讨，并逐一思考其解决方式的合理性。

②奥斯本设问法又称"检查提问法"，是针对革新对象或内容事先提出若干要点，并将其作为检查的内容，进而提出一些问题，最终实现创新或改良的方法。其问题设置与奥斯本检核目录近似，在此不再赘述。

4.逆向思维法

逆向思维法，又称"逆向发明法""负乘法""反面求索法"等，是通过反

5W	why	何故	为什么要革新？
	what	何事	革新的具体对象是什么？
	where	何地	从哪些方面着手改进？
	who	何人	谁来承担创新任务？
	when	何时	什么时候进行？
2H	how	如何	怎样实施？
	how much	几何	达到什么程度？

表 4-5 5W2H 法问题设置

面求索和逆向思维来进行发明创造的一种方法。这种方法是从常规的反面、构成成分的对立面、事物相反的功能等角度寻找创新的办法。其过程可以表述为：原型→反向思考→设计新的形式。逆向思维法的要点是打破习惯性的思考方式，即反常规、反其道而行。通过改变对事物的看法，往往可以得到意想不到的构想。其思维方式一般可分为：功能反转、结构反转、因果反转、状态反转四种类型。

①功能反转是指从已有事物的相反功能去寻求解决问题的新途径，从而获得新的设想或方案。

②结构反转是指从已有事物的相反的结构形式去设想，从而寻求解决问题的新途径（图4-14）。

图 4-14 折叠轮胎的结构设计

图4-15 钟表设计：表盘与表针的状态反转，表盘旋转、表针显示时间

③ 因果反转是指从已有事物的因果关系出发，变因为果，去发现新的现象和规律，寻找解决问题的新途径。爱迪生从发现送话器听筒音膜会有规律地振动到发明留声机，就是成功运用了因果反转的方法。

④ 状态反转是指人们根据事物的某一属性（如静与动）的反转来认识事物。用锯子锯木头是木头不动锯子动，而用固定的电锯机锯木头则是木头动而机器不动。电梯的发明也是实现了由人动梯不动到梯动人不动的转换。图4-15中的钟表设计也应用了状态反转的思维方式。

5.属性列举法

属性列举法，是由美国内布拉斯加大学的克劳福特（Crawford）于1954年提出的一种创新思维方法。其主要用于具体产品的创新和改良，是思维发散、拓展思路的实用方法之一。属性列举法强调使用者在创造的过程中观察和分析事物或问题的特性或属性，然后针对每项特性提出改良或改变的构想。此方法通常将创新对象的相关属性划分为名词属性、形容词属性和动词属性（图4-16）。

①名词属性，指产品的整体、部分或材料、制作方法等用名词描述的内容。

②形容词属性，指产品的性质、形状、色彩等用形容词来表现的内容，如轻与重、红与绿、长与短、高与低、大与小、冷与暖等。

③动词属性，指产品的功能、作用、价值等用动词描述的特性，如折叠、打开、旋转、弯折等。

三、联想演绎类方法

联想是人类思维方式中最为普遍的一种，是人的天性使然，只是不同人联想的内容、层次、角度存在着一定差异。联想思维是指把已掌握的知识、观察到的事物等与思维对象联系起来，从彼此的相关性（因果、相似、对比、推理等）中获得启迪，从而促成创新活动。这类思维方法主要有以下几种。

1.联想法

联想是指由一事物的现象、语词、动作等，想到另一事物的现象、语词和动作等。联想在人们的心理活动中占有重要的地位，是人们平时的记忆、思维想象等心理过

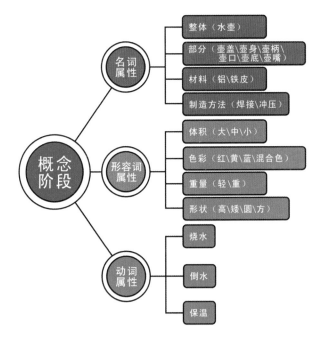

图 4-16 以水壶设计为例的属性列举法

程中不可缺少的因素。所谓联想法，即应用联想思维进行创新的方法。常用的联想法有自由联想法和强制联想法。自由联想法是指对联想的对象不加任何限制，任凭主体进行漫无边际的联想，这种方法通常应用于心理学研究。而在设计学科中，通常采用有限制的强制联想法，即让人们集中全部精力，在一定的控制范围内去进行联想，如对相关对象进行同义、反义、近似、因果、对比等形式的联想，从而实现创新的目的。在进行产品设计时，采用联想法的具体方式有以下两种：

① 坐标式联想是将两组不同的事物分别书写在一个直角坐标的 X 轴和 Y 轴上，然后通过联想将其组合在一起，审查、思考或讨论其组合后的设想或感受，将具有实际意义或价值的内容作为新产品开发的方向。图 4-17 展示了对一系列常见事物的坐标式联想。

② 焦点法联想是在强制联想法和自由联想法的基础上产生的。其特点是以特定的设计问题为焦点进行无限地联想，并强制性地把选出的要素结合起来，以促进新设想的产生。

2. 类比法

类比法是一种确定两个以上事物间异同关系的思维过程和方法，即根据一定

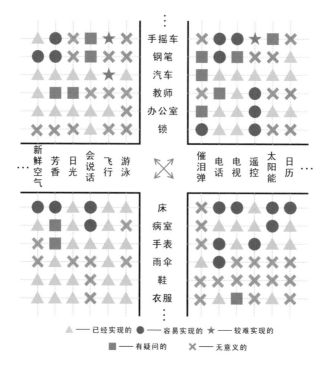

图 4-17　坐标式联想组合图

的标准尺度，把与此相联系的几个事物（既可以是同类事物，也可以是不同类事物）加以对照，以把握住事物的内在联系，进行创新。通过类比可以开阔眼界、打开思路，由此及彼地进行广泛地联想，并从联想中得到创新方案。类比法的应用需要将形象思维与抽象思维融为一体，对事物的本质、构造、形态等方面加以分析，做到异中求同、同中求异，进而得到创造性的结果（图 4-18）。在世界科学技术发展史上，有许多重要的发明创造都是应用类比法获得成功的，如贝尔受到莫尔斯电报的启发发明了电话机，日本发明家田雄常吉将人体血液循环系统中动脉和静脉的不同功能与心脏瓣膜阻止血液逆流的功能运用到锅炉的水和蒸汽的循环中，从而发明了田雄式锅炉。类比法主要有以下几类：

① 直接类比，指收集一些主题类似的事物、知识和记忆等信息，以便从中得到某种启发或暗示，随即思考解决问题的办法，如可以从自然界中或已有的技术成果中寻找技术实现的可能性。

② 间接类比，指在创新过程中将非同类事物或不相关的事物进行适当的比较与对比，从功能、结构以及构成方式上考虑其可利用点，进而开拓创新思路。

③ 幻想类比，指通过幻想的方式将并不相关的事物联系起来，通过分析找出合理的部分，从而达到创新设计的目的。

④ 因果类比，指两个事物的属性之间可能存在着同一因果关系，在创新过程中可以根据一个事物的因果关系推出另一事物的因果关系。因果类比就是在对这种因果关系的类比中产生新的设想和方案的方法。

⑤ 仿生类比，指将产品与自然界的生物进行类比发想，即从生物界的原理和系统中捕捉设计灵感，根据不同产品的功能和使用要求，吸收、模拟生物的相应优势，将其融入新产品中，如造型、色彩、图案、动作、结构等（图4-19）。

3. 组合法

所谓组合法，就是把两种以上的产品、功能、方法或原理做适当组合，使之成为一种新产品、新功能新方法或原理的创造性技法。组合法的要点是将多个特征组合在一起，所有特征相互支持、补充，共同改善、强化同一目标，并且力求产生新效果，达到1+1＞2的飞跃（图4-20）。常用的组合方式有以下几种：

① 同物自组，指若干同类事物的组合，即将两个以上的相同事物或近似事物合并在一起，使之成为一种组合产品，并使之具有对称性与和谐之美。这种组合相对比较简单，组合对象的基本原理和结构在组合前后并没有发生本质性的变化，如字母灯、双向拉锁、组合家具等。

② 异类组合，指将两个以上不同的事物合

图4-18 类比法应用范例：夹子的设计

并在一起，使之成为一件多功能的产品，其中包括两种或两种以上不同领域的技术思想或不同功能的物质产品的组合等。组合对象（技术思想或产品）来自不同的方面，一般无主次之分。参与组合的对象在意义、原子、构造、成分、功能等任一方面或多方面互相渗透，整体变化显著。异类组合的方法强调异类求同，创新性很强，如喷水熨斗、电子黑板、可视电话等都属于此类。

③ 重组组合，指在事物的不同层次分解原来的组合，而后再按新的目的重新安排，形成新的组合。这类组合方式通常是在同一件事物上实施，组合过程中一般不增加新的东西，主要是改变事物各组成部分之间的相互关系。

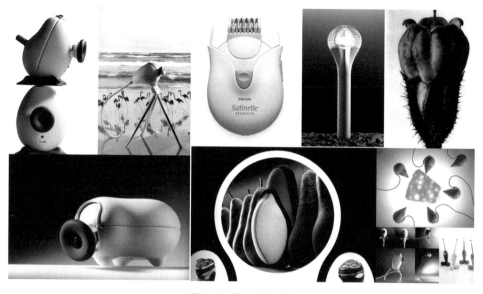

图 4-19　仿生设计案例

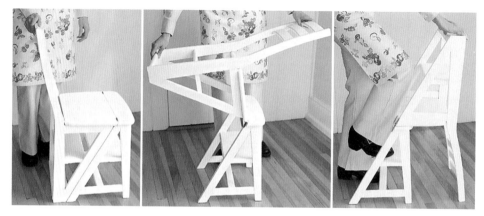

图 4-20　椅子与梯子的组合

第五章｜Chapter 5

设计，如何实现

设计，如何实现？设计师，需要做什么？

众所周知，设计是一个过程。在这个过程结束之前，没有人知道会发生什么，或者什么将会出现。现代设计经过百余年的发展和"进化"，其面貌已远非 20 世纪初的样子，我们甚至看不清或尚未看清今日设计的全貌。面对日趋复杂化的设计状态，设计师们尽管已经对设计流程了然于胸，也对各种设计方法耳熟能详，但每一次设计仍然是全新的开始，每一个问题也都是新问题。设计师总是期望寻找一条从未走过的路，以获得不一样的发现和体验。回顾历史，我们可以清晰地看到所有成功的设计案例都有一段精彩的故事。在这些故事里，我们通常只关注到设计师天赋和直觉的发挥以及设计经典作品的存在，似乎一切都来自于设计师无与伦比的神秘的灵感。事实上，设计作品的成功是与设计师优秀的专业技能和执着的创新理想分不开的。正如苹果公司前创意总监克莱门特·默克（Clement Mok）所说："每个人都有改变事物甚至改造世界的能力，所不同的是，设计师们有能力将自己的想法形象化。"草图、模型、制图和原型是设计师的工具，便签纸、马克笔、手绘板以及身边能看到的所有东西也都可以被设计师用做设计的工具。面对各种各样的设计项目，想要解决纷繁芜杂的问题时，设计师到底要做些什么呢？

第一节　产品设计的阶段性任务

一、融会贯通——设计调研与分析

设计是解决问题的过程。对设计而言，很多问题都是不确定的，甚至是未知的。能否从纷繁芜杂的现象和现实中发现问题，往往决定着后续行动的方向。实践表明，所有的设计活动都离不开调研和分析。设计师和企业研发团队借助科学合理的调研方式与系统的分析方法，通过全面地收集相关信息、资料，专注于研究周遭世界的流行趋势和变化，进而以客观的分析结果为依据，探求最佳的问题解决方案并提高创造出优良设计的概率。我们生活的环境和社会是不断变化发展的，人们的生活需求以及产品、服务的形式和内容也无时无刻不在发生改变。因此，设计调查不可能针对固定不变的一组数据或观点，而是要面对动态的"情境"。设计师需要通过对表层现象和数据的观察与分析，结合自身的专业能力、直觉感悟和创造性思维完成对问题的洞察。当然，对于企业产品的创新与开发来说，科学的、系统的、全面的调研与信息数据整理、分析，往往构成产品设计的前提和基础。

作为设计师，我们怎样才能全面地获取相关信息，理解环境变化并掌握发展趋势和方向？我们应如何分析各类数据资料并将其转化为感性的认知和视觉的形式？如何分析市场上同类产品的竞争优势、劣势与新的研发机会点？我们又该如何确立自己的产品定位和设计方向？想要回答这些设计的相关问题，需要经过严密的调查与分析。

设计调研与分析不是在单一维度上进行的，而是涵盖了产品、使用者、环境以及相关的文化、社会等多层面的内容，所应用的方法也涉及人种志、社会统计学、人机工程学、心理学、系统论、信息论等学科。因此，设计调研与分析并不是简单

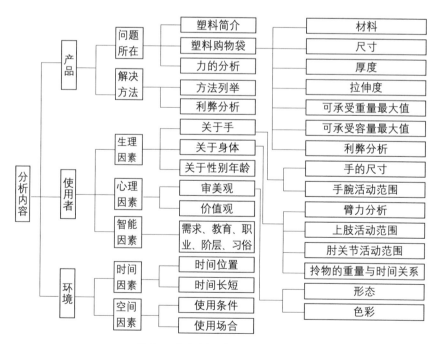

图 5-1　超市购物袋提携工具设计分析

的就事论事,而是要跳出产品(设计对象)的限制,从更广阔的视野来看待设计。产品、服务、企业、竞争者、技术、流行趋势、市场、政策、法规,等等,都应涵盖在设计调研与分析之中。例如,图 5-1 为超市组合式购物袋提携工具的设计分析内容。

　　简单地讲,设计分析应当做到融会贯通。融,即融合,指调查与分析过程中将设计要素、影响因子等加以融合,避免片面地、孤立地看问题。如设计 椅子时,需将功能、结构、材料工艺、色彩肌理与使用环境、使用方式、地域文化等结合起来加以分析,才能使最终设计出的椅子物得其用,而又能与使用场合相得益彰。会,即领会、意会,指要深入理解设计对象的属性和本质,而不是简单地停留在概念和

定义的层面。如手表的设计,如果仅仅理解为一种产品的造型设计,那么最终也只能是在表链、表盘的形式上做文章。一旦我们将手表的概念上升到时间显示或告知时间的层面,那最终的设计结果将大不相同(图 5-2)。贯,即贯穿,指对设计过程中的每个环节都要进行适当的分析,从而及时做出调整和改善,并给出相应的反馈信息。通,即通达,指分析过程中要对与设计相关的市场、生产、广告宣传以及社会效应等问题进行沟通协调,并在最终的设计中加以解决。如设计师必须与企业管理者、生产部门职员、销售人员以及经销商、用户进行多方面的沟通,并认真听取各方提出的问题和建议,这样才能

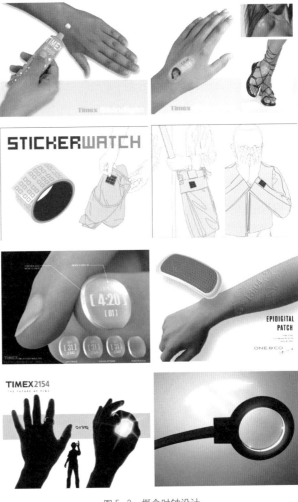

图 5-2　概念时钟设计

使最终的设计获得最佳的平衡点。

二、化整为零——问题定义与设计构想

设计是一种创造性活动，创新是其主要特征之一，设计师必须具备良好的创新思维和创意能力。设计通常是由发现问题开始的，但是在具体的设计项目中，问题往往缺乏清晰的定义，或者有明确目标而限制条件未知，或者没有解决问题的可行方案等，这些都需要在设计过程中逐步加以澄清和界定。因此，设计师需要跳出经验的条条框框，打破常规和定势思维，对问题进行换位思考，进而以全新的视角和独到的方式来审视设计对象，并对需要解决的问题给出清晰明确的定义。如果在设计之初，我们的头脑中便形成了固定思维，总是以老眼光或个人经验看问题，那么设计就永远也不能展开。正如在常人看来，一个杯子若能够喝水，就不存在问题了，而设计师则必须看到其他层面的问题，如杯子口径大小与人的口、鼻的关系，杯子的高度、材料和表面肌理与人手的关系，饮水、抓握以及清洗水杯的舒适度和方便度，等等。

设计构想或构思是对既有问题的诸多解决方案的思考。在设计之初，很多概念都是模糊的，整个创意的基础是相当薄弱的，必须灵活运用各种思维方法来启发构思，使创意概念逐渐清晰。在此阶段，不要过分注意限制因素，因为它往往会影响构思的产生。构思的过程往往是把较为模糊的、尚不具体的形象加以明确和具体化的过程，这就需要手、脑、心并用，化整为零，打破经验意识和权威概念形成的藩篱。

图 5-3 所示沙发设计将中间连接部分改为转轴，这样既方便随意调整沙发角度，以适合不同的空间环境和交流方式，中间咬合部分也可作为茶几或台面，便于摆放物品。该创意围绕将固定式沙发变得方便移动来进行构思，以巧妙的结构和形式解决了问题。

图 5-4 为坂茂建筑设计事务所设计的建筑师手工制图专用的 scale 可伸缩滚

图 5-3 组合沙发设计

轴圆珠笔。这款圆珠笔既是书写工具，其三棱柱形的笔杆又能够当作比例尺使用。其表面刻度全部采用激光蚀刻技术刻制而成，符合德国制图标准。使用时仅需轻轻扭动笔杆便可完成笔杆伸缩，方便使用者根据实际需求将笔杆调整至适宜的长度。此创意将绘图经常使用的笔与尺结合在一起，设计出全新的产品形式。

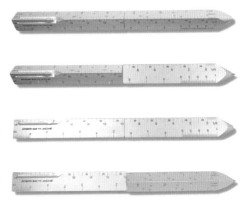

图 5-4　"scale"可伸缩滚轴圆珠笔

图 5-5 所示为电脑键盘与工具盒的组合设计，二者的结合很好地解决了书写工具的存放问题，而且操作方便。其构思基于如何解决书桌工具存放杂乱且取放不易的问题。

设计的构思与创意是来源于生活的，这就需要设计师具有感受生活、发现问题的思维，这样才会使最终的设计充满智慧和灵感。

图 5-5　键盘与工具盒组合设计

三、精益求精——方案表现与优化

设计，可以从一个想法或一个创意开始，但最终都要形成具体的产品。设计是由抽象到具象的创造过程，需要实现从抽象思考到具象表现的过渡。创意表现可以是纸上谈兵，但设计不能只停留在纸上，必须形成具象的实体或可操作的系统，设计才具有意义。

设计从构思到定案，每一阶段都有相应的表现形式。创意构思阶段要提交策划报告书，其内容包括市场调研、资料信息、设计定位、竞争分析、同类产品分析、研发趋势、存在问题，等等。设计展开阶段则要通过设计草图、预想效果图、尺寸图、结构图以及模型、样机等形式来展示构思和想法，这也是现代设计过程中最为重要的一部分内容，最终的设计方案通常在这一阶段确定。如图 5-6 显示了一款概念手表的设计效果表现和结构细节。最后的设计评估和商品化生产，则是对设计进行生产方式、加工工艺等方面的改进与调整。

值得注意的是，设计提案是要展示给企业管理者和消费者的，因为最终方案的选择是由企业决定的，而对方案的最终评判却掌握在消费者手中。所以，设计提案与表现应力求精益求精，对问题的把握要精准，对问题的分析要精细，解决问题的方式要精确，方案的细节要精致。这样最终形成的提案才会是精品。

图 5-6　概念手表设计方案

四、平衡适度——设计评价与实现

设计评价是指在设计过程中对设计方案进行比较、评定，并由此确定各方案的价值，判断其优劣，以便选择最佳的方案。通常，由于评价主体的差别、评价标准的差异，评价的结果也不同。例如，消费者与企业管理者、生产经营者、设计师、工程师、销售人员的评价标准和倾向就有差别，每一主体都是站在自身的角度和立场，根据自身的需求来评价设计的好坏优劣。如图 5-7 为消费者关于设计的一般评价标准与内容。

诚然，设计要达到完美的表现或者做到面面俱到，几乎是不可能的，应该说设计没有最好，只有更好。设计评价就是要尽量把"更好"提高到尽可能高的水准，使得各方面的因素达到最佳的平衡点。这就要求设计师不能只关注设计对象的功能与造型，同时也要考虑生产成本、制造技术的可行性、销售前景与市场的认可度、环境与社会影响等内容，并在设计过程中平衡各种因素，进而使设计在现有条件下能够实现。

设计实现是所有设计创意向真实产品和服务转变的重要环节，也是设计的目标所在。设计实现的过程是将创意构思和创新概念转化为可以感知的实际产品、体

验或服务的过程，不仅牵涉到
创意思维和概念构思，还需要
系统地完成计划、购置、准备、
评估、生产及各方面协作等环
节。如果说，将头脑中的概念
转化为纸面上的视觉形式，设
计活动还限于设计团队对信息
数据的转化与创新思维的发挥，
那么，从图纸到实际产品，设
计实现的过程则牵涉到管理、
研发、技术、生产、销售等诸
多方面的协调与合作。每一个
设计概念的实现都需要经过原型

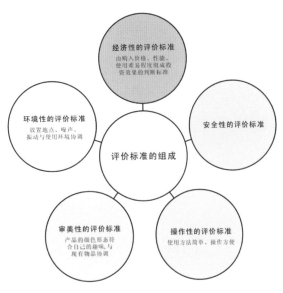

图 5-7　消费者关于设计的一般评价标准与内容

迭代与评估迭代，以及反复论证与测试、修改与完善，以获得各方面适度平衡的方
案并最终实施。

第二节　设计调查与分析

一、设计调查的内容

　　设计调查也称为设计的社会调查或周边调查。这类调查最初只是用于自然科
学和应用科学等一般学科领域，二战以后，设计界和设计教育界将之引入，并发展
为专门化、体系化的设计社会调查。如今，设计调查已经成为企业制定产品开发计
划和发展策略的首要任务，同时也是保证产品符合使用者需求、贴近用户的关键环
节（图 5-8）。事实上，设计调查既是实际设计项目展开的必要环节，也是现代设
计研究的重要组成部分。对于设计实践来讲，调查不是目的。设计者期望通过翔实
准确的调查和科学全面的观察来发掘问题的本质，也就是通过对具体设计内容的洞
察，运用设计思维及方法来创造性地解决问题（图 5-9）。

　　1. 信息资料收集

　　设计与主观的艺术创作不同。任何一件现实产品的设计都不是设计师凭空臆
造出来的，它们都会涉及需求、经济、文化、审美、技术、材料等一系列的问题。

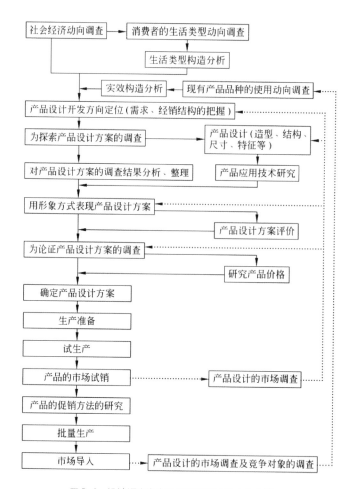

图 5-8 设计调查在产品设计开发过程中的应用

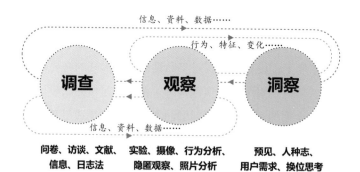

图 5-9 设计过程中调查、观察和洞察的逻辑关系

从产品发生、发展和消亡的过程（图 5-10）可以看出，设计始于社会的需求与信息，不同阶段产生的反馈信息不断地返回设计，并被适当地处理。因此可以说，设计的过程就是信息处理的过程，信息及其处理是决定一项设计成败、优劣的关键。

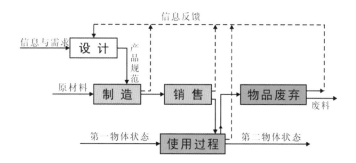

图 5-10　产品发生、发展和消亡的过程

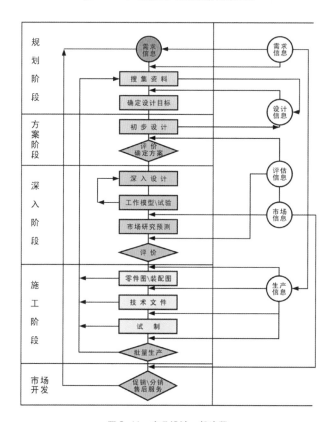

图 5-11　产品设计一般流程

从一般的新产品设计流程图（图5-11）可以看出，设计各阶段的信息资料主要包括以下内容：

① 需求信息：包括社会的(政治、文化、生活、心理、风俗、宗教等)、经济的(市场、销售、竞争等)、技术的（生产、材料、工艺等）、法律的、生理的和环境的资料。

② 设计信息：提供展开设计的参考资料、信息、限定条件和设计变量等。

③ 评估信息：提供评价体系及评价方法。

④ 市场信息：提供大量的市场研究和预测信息，以便于市场开发。

⑤ 生产信息：提供技术动向、新技术、新材料、新工艺以及有关环保功能的资料。

2. 设计调查的范围与内容

市场调查的范围大致可分为全面调查、典型调查和局部（抽样）调查三种。其中全面调查是一种一次性的普查，在设计调查中应用得较少。典型调查是以某些典型单位或个人为对象进行的调查，以求由典型推导出一般。抽样调查是从应调查的对象中，抽取一部分有代表性的对象进行调查，以推断整体的性质。抽样方法可分为三类：

① 随机抽样：按随机原则抽取样本，又可分为简单随机抽样、分层随机抽样和分群随机抽样三种。简单随机抽样是指抽样者不做任何选样，而用纯粹偶然的办法抽取样本，适于所有个体相差不大的总体。分层随机抽样是先把调查的总体按特征进行分类，然后再在各类中用简单随机抽样的方法抽取样本。分群随机抽样是先把调查总体分成若干群体，这些群体在特征上是相似的，然后再从各群体中用分层抽样或随机抽样的方法进行分析。此种方法在设计调查中应用得较广泛。

② 等距抽样：将调查总体中各个体按一定标准排列，然后以相等的距离为间隔抽样。

③ 非随机抽样：根据调查人员的分析、判断和需要进行抽样，又可分为任意抽样、判断抽样和配额抽样三种。其中判断抽样是根据调查人员对调查对象的分析和判断，选取有代表性的样本调查。配额调查是按照规定的控制特性和分配的调查数额选取调查对象。所抽取的不同特性的样本数应与其在总体中所占的比例一致。

原则上设计调查的范围和内容越广泛越好，但实际上这样会给后期的分析处理带来巨大的工作量和难度。因此，设计调查通常是具有明确的目的性和针对性，围绕设计对象进行的有计划、有条理的适量性调查。其内容主要包括：用户调查、市场调查、企业调查、技术调查、法律法规及其他相关资料调查，其中以用户调查和市场调查最为重要。

① 市场调研。市场、企业和产品三者的关系构成了一个相互影响的三角形。其中，市场是由顾客、需求量、质量、价格、场所、流通机构、市场性质等各种要素构成的。市场调查的目的就是要探索经营模式，论证构成要素。市场调查是为了在需要和供给所限定的领域中了解该领域的现状，确定适合的产品策略、经营策略所进行的系统的、科学的调查研究。调查的内容主要有：

- 市场环境调研。调查影响企业营销的宏观市场因素，这对企业来讲多是不可控因素，如有关政策法令、经济状态、社会环境（人口及文化教育程度、年龄结构等）、自然环境、社会时尚等。

- 产品调研。调查产品的品牌、规格、特点、寿命、周期、包装、价格、材料、顾客满意度以及消费者的购买能力、购买动机、市场分布情况等。

- 销售调研。调查企业的销售额及其变化趋势和原因、产品的市场占有率和价格变化趋势、需求与价格的关系、企业的定价目标、中间商的加价情况、影响价格的因素、国际贸易及进出口状况等。

- 竞争调研。调查主要竞争者的数量和规模、管理结构、现行经营策略（低成本战略、高质量战略、优质服务战略、多角化经营战略）、设计开发能力、生产技术实力等。

② 用户调查也称作消费者调查，主要是对产品的使用者、购买者及潜在用户进行的意向性、需求性内容的调查。其主要意图是获取用户的需求信息、人群消费特征、购买心理及偏爱程度等内容，进而为企业的产品开发计划和设计定位提供数据参考。同时，用户调查资料也对设计方案的确定和评价起着直接的作用。其内容主要有以下几点：

- 当前用户特征。包括当前消费者的生理特征、心理特征、文化程度、价值观念、生活方式、审美及购买欲望、生活环境、收入支出状况、社会层次等。

- 潜在用户需求。针对潜在购买用户的购买心理、审美偏好、生活习惯、使用可能性、购买能力、消费指数等进行调查。

- 用户对比调查。对未使用本企业产品或使用竞争对手产品的用户进行购买意图、购买标准、质量评价、消费心理的对比调查。

③ 企业调查。经营是企业最基本、最主要的活动，是企业赖以生存发展的第一职能。企业调查的目的是使设计活动建立在企业自身文化、实力、战略以及发展方向的基础上，从而使设计与企业的整体规划同步。企业调查的内容主要有：产品线、销售与市场状况、投资、生产情况、成本、利润、技术进步情况、企业文化、企业形象及公共关系等。

④ 技术调查是针对产品开发过程中涉及的生产技术、结构、材料与工艺等问题进行的相关调查，主要调查技术发展动向、技术集中和分布的情况、技术上空白的情况、发明创造和专利情况、可更新与改进的技术内容、材料与工艺的应用情况、新技术与新材料的应用、标准化和三废处理技术的应用等。

⑤ 法律法规调查是针对与产品开发相关的法律条令和政策规定进行的调查，如专利、知识产权保护等相关法律内容，以及产品销售国家或地区对产品材料及工艺、废弃处理方式、生产标准等方面的规定。

3. 设计调查的原则

设计调查的目的是为产品开发以及最终的市场决策提供准确的资料，因此，设计调查必须遵循以下原则：

① 目的性：不同的目的需要不同的情报，设计调查必须事先明确目的，围绕目的去调研。在目的明确的前提下，有针对性地去调查相关内容，才能做到有的放矢，并提高工作效率。

② 完整性：调研的信息资料必须系统完整，这样才能防止片面地分析问题，才有可能进行正确地分析判断。

③ 准确性：调查必须建立在准确、真实的基础上，错误或失真的调查结果通常会导致错误的决策。

④ 适时性：适时性也就是在需要信息资料的时候能够及时地提供，而且要求调查的信息资料必须是当时最新的一手材料。做出决策之后提供的信息是没有价值的，过时的资料、不充分的情报对于设计开发、决策来说是起不到作用的。

⑤ 计划性：为了保证调查做到有目的、完整、准确、适时，就必须加强设计调研的计划性。通过编制计划，进一步明确调查的内容和范围、具体的时间和方法、人员配置与分工等，从而提高调研的效率和准确度。

⑥ 条理性：对调查的信息资料，要有一个去粗取精、去伪存真的加工整理过程，最后，要将调查结果整理成系统有序、便于使用和分析的手册。

二、设计调查的方法与步骤

一般来讲，设计调查的方法主要有以下几种：

1. 实态调查

① 用仪器进行实地测量，着重在产品结构和尺度方面，如产品使用环境的尺度、产品尺度的限制范围等。

② 用目测法写生和记录，着重于形态，如系列化产品的形态趋势。

③ 用录像、录音、数码成像等技术手段记录对象物的各种活动的实态，如用户使用行为、使用方式等。图 5-12 为针对献血车环境及设备的调查记录。

图 5-12　针对献血车环境及设备的调查记录

2. 心理性调查

① 面接法，即与调查对象直接接触，用观察和交谈的方式进行调查。

② 性向测定法，以一定的既成资料为标准，进行性向测定。

③ 官能检查法，包括静态和动态条件下的两种检查，即检查特定作业时的官能状况。

3.统计式调查

统计式调查主要包括电话调查、问卷调查、网络调查等，通常采用抽样调查的方式进行具体内容的询问调查，问题的设定较为关键。

4.查阅法

通过查阅各种书籍、刊物、专利、样本、目录、广告、报纸、录音、论文、网络等，寻找与调查内容相关的资料信息。图 5-13 总结了信息资料收集与查阅的来源。

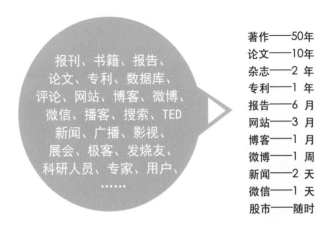

报刊、书籍、报告、论文、专利、数据库、评论、网站、博客、微博、微信、播客、搜索、TED新闻、广播、影视、展会、极客、发烧友、科研人员、专家、用户、……

著作——50年
论文——10年
杂志——2 年
专利——1 年
报告——6 月
网站——3 月
博客——1 月
微博——1 周
新闻——2 天
微信——1 天
股市——随时

图 5-13 信息资料收集与查阅来源

需要注意的是，调查的方法和形式要根据调查的内容来选择。例如，我们显然不能在调查用户对几种产品造型的喜爱度的时候采用电话访谈的方式，而应采用面谈或问卷调查的形式。图 5-14 归纳了几种常见调查内容所适用的调查形式。

设计调查的步骤主要分三个阶段：调查规划阶段、调查实施阶段和调查分析阶段。

① 调查规划阶段：主要是明确调查内容、指示，决定调查人员，建立调查组织，限定调查问题，设定调查目标，整理现有信息、技术和假设的调研项目概要，确定调查课题，最后制定调查计划，即决定调查方法、调查技术、调查规模、调查时间、费用预算以及调查步骤和日程等。

② 调查实施阶段：主要是规划实施定性调查和定量调查，汇总调查结果，得出分析结论，汇总调查报告，评价调查成果，并制定将调查结果应用于开发、经营等活动的计划。

	电话	电子邮件	邮寄信件	因特网	面对面
文字描述	●	●	●	●	●
草图		●	●	●	●
照片或渲染图		●	●	●	●
情节展板		●		●	●
录像				●	●
仿真				●	●
交互式多媒体				●	●
物理外观模型					●
工作原型					●

图 5-14　调查内容与适用的调查形式

③ 调查分析阶段：主要是将调查收集到的资料分类、整理，并进行相应的统计分析，以数据表、图表、曲线图等形式完成分析报告。

三、信息资料的整理分析

设计调查过程中收集信息资料的目的是为了发现有意义的问题，并从中剥离出创新的方向，转化成有意义的概念，这就需要对信息资料进行深入的、理性的研究分析。通常设计团队和项目负责人会举行"焦点团队"群体座谈会，针对现有的同类竞争产品与即将推出市场的设计概念提案，通过分类、归纳、演绎、统计、比较等各种质化或量化手段，深入了解与澄清消费者的需求，以此为依据对设计方向提出建议并为设计决策提供参考。这一过程中的重点就是对设计调查中收集的多方面信息资料进行分类、整理、归纳，使之条理化，以便进行分析研究。对信息资料的分析可采用定量、定性的方法，如价值分析法、投入产出法等。分析过程中对结果的统计比较重要，一般采用图表、曲线图等形式以达到简洁、直观的效果，从而帮助设计人员初步确立设计的定位。

常用的信息资料整理分析的呈现方式主要有以下几种：

① 采用常规的表格来统计信息资料，横向规定调查的项目，纵向为调查的相关问题。这种表格是最常用的分析整理形式，内容一般为文字描述（表 5-1）。

车载吸尘器调研问卷结果分析表

内容 \ 性别		总数（人）		
		（男）66	（女）66	总计 132
清洁车内环境方式	静电集尘刷去尘	16	9	25
	洗车场清洗	35	26	61
	抹布去尘	19	13	32
	车载吸尘器吸尘	12	17	29
	扫帚除尘	4	3	7
如果有车载吸尘器,会使用		57	40	97
如果有车载吸尘器,不会使用		7	7	14
会经常使用车载吸尘器		45	35	80
不会经常使用车载吸尘器		18	12	30
清洁车内环境频率	每天1次	4	1	5
	2—3天1次	16	17	33
	一周1次	24	25	49
	两周1次	13	4	17
	三周以上1次	10	7	17
使用频率最高的吸头		16	14	30
		15	5	20
		13	12	25
		33	24	57
		23	6	29
	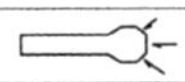	7	1	8
	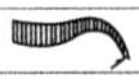	23	12	35

内容 \ 性别		总数（人）		
		（男）66	（女）66	总计 132
车内最常清洁的部位	座位/座位缝隙	36	35	71
	操作台/仪表盘四周	23	5	28
	后备箱	27	8	35
	车内地面	18	15	33
	车后座空隙	22	8	30
	车内顶面	10	1	11
车内最难清洁的部位	座位	38	12	50
	操作台	23	25	48
	车窗	21	4	25
	车内地面	30	24	54
	车后座空间	23	20	43
	车内顶面/反光镜	4	1	5
清理尘袋	方便	32	29	61
	不方便	29	21	50
外观的颜色	与车内饰颜色相近	40	31	71
	与车内饰颜色形成鲜明对比	26	24	50
会将车载吸尘器安置在车内的部位	后备箱	48	46	94
	操作台储物柜	5	2	7
	中央储物箱	8	2	10
	车后空间	6	4	10

表 5–1　车载吸尘器调研问卷结果分析

② 应用流程图的形式对信息资料进行分类统计，一般是通过将某个内容逐层细分，使模糊的概念具体化。流程图有助于将问题具体化、概念明确化（图 5–15）。

③ 应用各种直观的图表来显示相关数据的变化趋势和过程，如柱状图、折线图、饼状图等。此种方式一般用来分析数据的变化规律，以确定相关的发展趋势（图 5–16）。

④ 应用各种分布图的方式对既定的要素或内容进行归纳、分析，从中可以直观清晰地显示出差异性，进而确定相关需求的取向（图 5–17）。

⑤ 采用二维坐标的形式对调查资料进行比较分析，通常作为设计定位的参考依据。每条坐标轴分别定义一组相对的概念，如传统与时尚、个性化与大众化、高

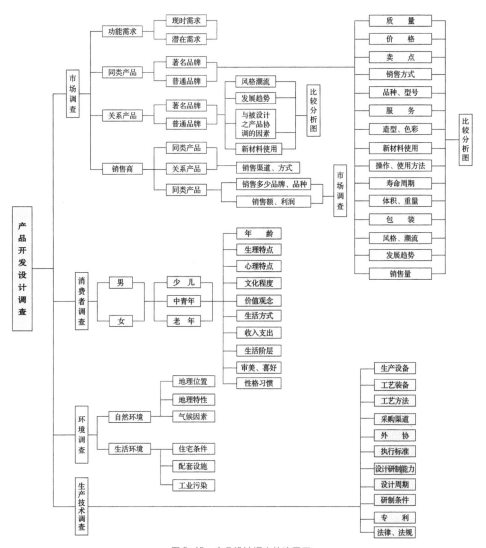

图 5-15 产品设计调查的流程图

价与廉价等，然后将收集的资料按其特征放置在相应位置，对象较多时可用符号"●""×"等代替（图 5-18）。

⑥ 图片（样本）汇总法，指采用图形（或图案）、样品照片、效果图等视觉化方式将抽象数据或调研信息进行汇总，进而形成清晰明确的视觉认知。这是设计师梳理调研中的隐性数据、整理隐藏性逻辑关系的常用方式。通过将数据信息（尤其是硬数据）视觉化，原本模糊的、潜在的和抽象的数据关系会显现出来，并促使设计者从中形成洞察或确定设计方向（图 5-19、图 5-20）。

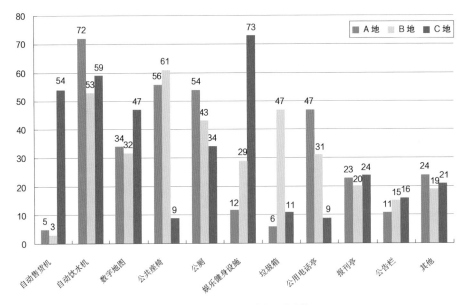

图 5-16　无锡市街具设施拓展调查结果

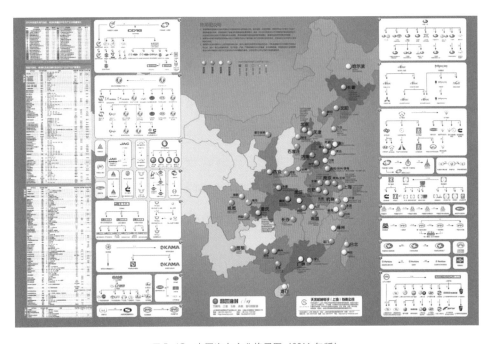

图 5-17　中国汽车产业格局图（2011 年版）

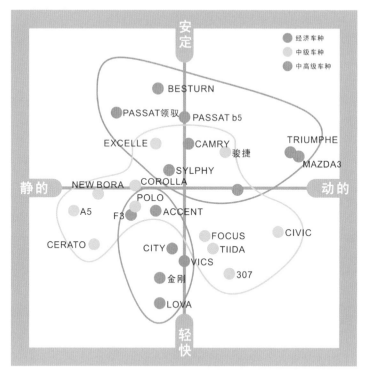

图 5-18 热销汽车形态调查分析坐标图

每日每种水果摄入量

	60g		80g
	40g		80g
	50g		60g
	30g		30g

每日每种蔬菜摄入量

	40g		70g
	10g		20g
	80g		40g
	80g		80g

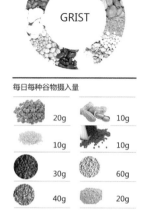

每日每种谷物摄入量

	20g		10g
	10g		10g
	30g		60g
	40g		20g

图 5-19 食物摄入量的调查汇总图

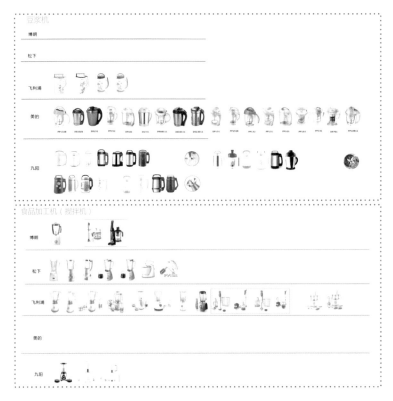

图 5-20　食品加工机的品牌调研汇总图

第三节　问题定义与设计构想

在设计调查分析之后，结论将被纳入企业的发展策略中，并影响新产品开发战略与计划的制定。设计部门需要形成新产品开发的整体概念并对产品创新的核心问题加以定义。问题定义通常是以文字形式来叙述，会将"市场定位""目标客户层""商品的诉求""性能的特色"与"价格定位"等作定义式的条列描述。问题定义的目的在于准确有效地收集、识别、量化各种限定条件，进而帮助企业推论出准确的设计定位，为产品的开发、设计设定一个明确的"基准"。因此，如果说设计调研是在做准备工作的话，那么问题定义则是实际产品开发设计的"起始"（图 5-21），其主要任务涉及以下几个方面。

一、定义用户需求

产品只有满足用户的某种需求才具有价值和意义，设计也是为了满足用户需

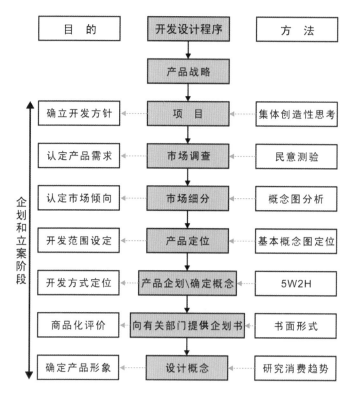

图 5-21　产品企划及确定概念的推进方法

求而展开的。因此，只有明确了用户具体想要什么、需要什么，设计才能顺利地进行。需要说明的是，客户的需求与最终开发出的产品并不是等同的概念，二者存在着微妙的差别。用户需求在很大程度上与开发、设计的特定产品无关，他们并不一定体现在最终选择并贯彻实施的概念之中。如用户对于"居住"这一需求的设想，可能与最终完成的居室或建筑方案并不完全一致。尽管如此，最终的设计方案仍必须满足用户的需求，如果建筑方案不能够满足"居住"的需求，那就没有任何意义。用户的需求是设计开发的限定条件，而具体选用哪种实现方式，取决于其技术和经济的可行性。"需求"提供了用户所期望的潜在产品的所有属性，而设计就是尽可能以最佳的方式满足这些属性。

　　通常用户自身并不能提出十分明确的需求，而多是一些不确定的要求或希望，如座椅更舒适些、工具操作更方便些等。但这些要求和希望恰恰是获取用户需求信息的原始资料，设计人员要做的就是将这些不明确的问题具体化、条理化，形成清晰明确的定义。其步骤主要有以下几点：

　　① 通过调研，从用户处收集有关需求的原始资料和数据。

　　② 将原始资料和数据转化为具体的客户需求信息。

　　③ 将需求信息进行条理化分类，根据重要性区分出层级。

　　④ 明确需求的权重关系。

　　⑤ 对结果和过程进行反思。

　　根据马斯洛的需求层次理论我们可以知道，人的需求是多方面、分层次的（图 5-22）。不同的项目需要对相应层次的需求做深入细致的分析。例如，大多数家居环境都有挂装饰画的需求，在为这种需求做设计时，我们可以看到不同的解决方案。人们为了在砖墙上挂画，往往到五金商店购买钻机，但这仅仅是表象，事实上，没有人需要钻机，而只是想要一个墙上的洞；也没有人想要一个洞，而是需要一个装在洞里的固定装置；这种固定装置最终是提供主人自我实现的满足感。在这个例子中，每一级的需求服从于一个较好的解决方案，却又成为较低一级需求的表象。因此，在分析用户的需求时，必须抓住服务对象行为方式的本质，才能准确地了解顾客真正意义上的需求。成功地进行需求分析应该做到：清晰界定用户和使用情境，促使消费者表达真实的声音，理性地分析并量化调查数据。从系统论角度来看，这个阶段就是要分析研究设计目标系统中的外部因素。具体的用户分析内容如图 5-23 所示。

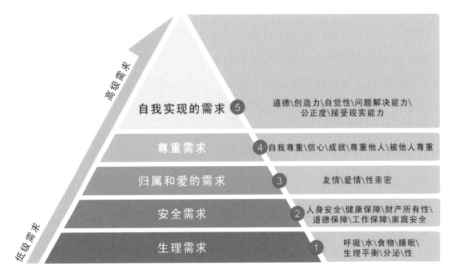

图 5-22　马斯洛的需求层次

二、功能与技术分析

功能、技术和审美是
工业产品造型设计的三个
要素。在技术条件允许的
范围内，以美的造型实现
产品的功能，是产品设计
的基本内容。产品本身并
不是设计的目的，产品所
提供的功能才是其存在的
意义。因此，在研究技术
原理的基础上确定功能实
现的途径和手段，也就找
到了设计的出发点。简单地讲，

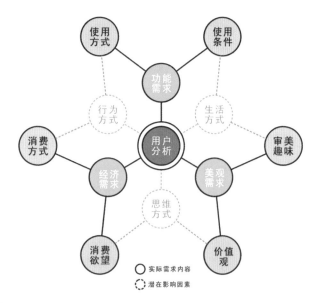

图 5-23 用户分析的内容及相互关系

就是要把用户所希望的功能或功用转化为具体的、可操作的方式，如实现照明这一
功能的途径有：太阳光照、LED 照明、蜡烛、白炽灯、反射，等等。设计师萨宾·迈
瑟利斯（Sabine Maecelis）设计的"晨曦"系列雕塑型灯具，模仿了清晨的阳光、云
彩和天空，共同营造出色彩斑斓的美妙瞬间，体现出了光与色彩及透明性之间的关系，
能够为其所处环境带来抽象的平静之感，营造出温和光明的气氛（图 5-24）。如此，

图 5-24 "晨曦"系列灯具

通过对模糊的功能加以细化和具体化，能够对实现功能的技术和方式做出相应的预测和评估，进而为初步的设计构想提供参考。

对结构工程师来说，功能分析主要有三方面的内容：一是确定技术性能可达到的程度，这一点可以用产品技术性参数来表示；二是对成本做出分析，以便在能够实现同一功能的各种途径（方案）中找出成本低、效果好的；三是进行可靠性的定量及定性分析。经过功能分析，针对不同的功能部分给出独立的解决方案，然后将选择的方案组合起来，形成产品的整体形态。这与设计师对待功能的方式有根本性的区别。设计师通常是将产品的整体功能细分成不同的部分，然后对各个功能部分进行深入分析，其工作更像是雕塑家从粗形到细部的创作过程。在确定产品设计概念的过程中，这两种分析方式需要做适当的平衡。对产品的功能进行综合分析之后，基本上就可以确定设计和创意的方向了。

任何设计对象都是由许多要素构成的，它们通过相互作用而产生一定的功能。因此，在研究产品的总体功能时，也要对各构成要素的子功能进行分类研究，视其重要程度区别对待。一般来说，产品功能常被区分为基本功能和辅助功能。基本功能是产品为用户提供的最基础的使用功能，是产品不可缺少的重要功能。如冰箱的基本功能是保存食品，手表的基本功能是指示时间。辅助功能也称二次功能，是通过某种特定的设计构思而附加到产品上的功能。在保证基本功能的前提下，辅助功能是可以随设计方案的不同而改变的。如手机的基本功能是移动通讯，为实现这一基本功能选择的结构、元件都是辅助功能的载体：显示屏是为了显示信息，按键是为了输入信息和命令，外壳是为了保护机芯和方便手持，听筒和话筒是为了收听和对讲，电池是为了提供电能，此外，蓝牙、红外等元件也都有其具体的功能。总之，设计师为了实现理想的方案，必须对设计系统中的内部诸要素进行细致的研究和分析，以达到功能和形式的有机结合与完整统一。这里所说的内部因素包括产品的机能原理、结构特性、生产技术、加工工艺、形态与色彩、材料与资源以及企业的管理运营水平等技术方面的具体情况和参数。

除了对功能的考量与分析，设计也受到各种技术条件的制约。能否合理地、因势利导地适应当前的工艺、技术、生产等方面的限制条件，是未来项目成败的关键。如果超出现有技术所能达到的程度，那么，再好的创意和构思都只能停留在概念阶段，难以投放市场。因此，在构思方案之初，设计师必须对相关的各种生产技术以及工艺条件进行深入研究，并形成具体的概念；在构思方案过程中，则需要设计师积极主动地协调技术现实与创意理想之间矛盾。

三、设计构想

构想，从概念的角度，是以产品语言、用户为导向，以技术、实用功能为基础所发展出的基本设计方案。构想所确定的并不是具体的、可实施的方案，而是尽可能多的、宽泛的、可选择的、有各种可能性的方案。在对用户需求和功能技术进行分析之后，设计师往往会受到分析结果的左右和限制，而陷入一些具体的功能和结构细节之中，构想出的方案也就脱离不了常规思维的框框，很难带来创造性的突破。因此，在此阶段，我们应尽力将前期分析、研究的结论作为构想方案的参考或依据，而不应受其禁锢和束缚。设计师必须学会将以物为中心的研究方法改变为以功能为中心的研究方法。从需求和功能入手，有助于开阔思路，使设计构思不受现有产品形式和使用功能的束缚。设计师在理性分析与思考后，需要更为感性的创造灵感与激情，这时，应允许非常规、不平凡的构思，甚至"异想天开"。

可以说，构想是将概念视觉化的第一步。要将众多因素归纳、综合、演绎并快速有效地表达为具象的草案，需要设计师具有创造性地运用形式法则以及综合协调与解决设计系统内诸多因素和问题的能力。在此阶段，产品设计师常采用手绘草图来记录和表现各种问题解决草案及草案的变体。手绘草图是一种快速记录思维构想的方式，它是一个从无到有、从想象到具体、将思维物化的过程，体现了一种复杂的创造思维活动。草图可以记录、表现稍纵即逝的构思及过程，也可以用于团队成员间的沟通与交流；同时，大量的草图能够活跃设计思维，使创造性构思得以延展，团队成员往往会从中受到很大启发，并激发出大量的创作灵感。图 5-25 和图 5-26 为设计过程中常用的几种草图绘制方式。

除了手绘草图，设计师往往会借助一些高效便捷的表现工具进行草图绘制。尤其是随着现代计算机绘图技术的迅速发展，设计师们开始广泛地应用绘图软件进行构思与创意（图 5-27）。此外，设计师也可以通过制作草模或等比例模型、结构模型等实体来帮助进行概念发想（图 5-28）。

总之，这一阶段的主要任务是尽可能多地提出构想方案和可选择的概念方案。理想的状态是，概念方案包括从保守到创新和未来型等各种类型，这样企业就有较多样的选择（图 5-29）。

图 5-25　快速记录构思过程中的想法和概念的草图形式

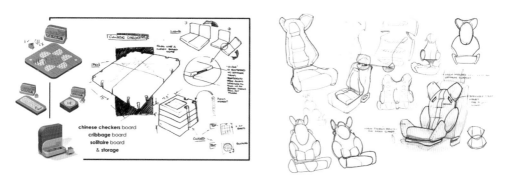

图 5-26　思考类草图: 针对某个具体概念或细节进行创新性思考 (1)

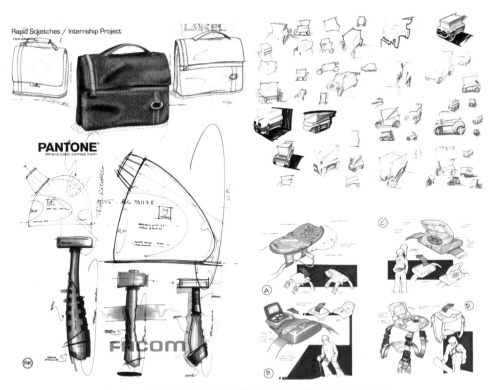

图 5-26　思考类草图：针对某个具体概念或细节进行创新性思考（2）

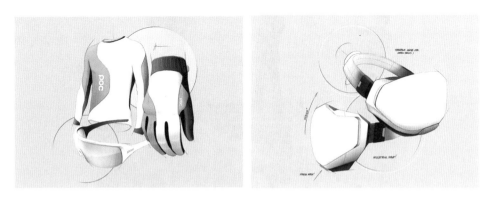

图 5-27　应用绘图软件绘制的产品草图（1）

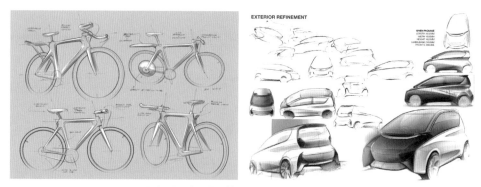

图 5-27 应用绘图软件绘制的产品草图（2）

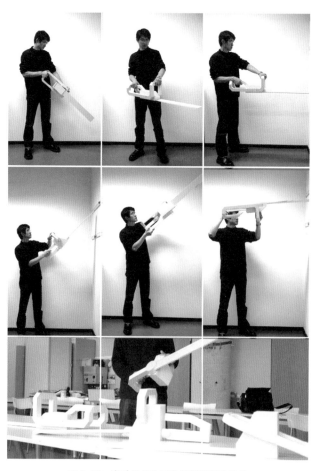

图 5-28 电动工具的工作草模及操作分析

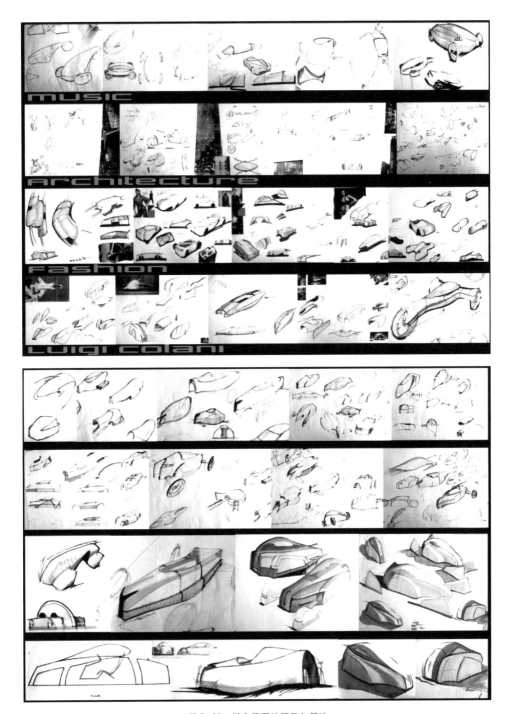

图 5-29 概念草图的展示与筛选

第四节　方案表现与优化

经过概念构想确定初步的设计方案后，需要将筛选出的可行性较强的方案进行更为严谨的发展和深化。这时，设计师应更加理性地综合考虑各种具体的制约因素，如比例尺度、功能需求、结构限制、技术条件、材料工艺标准等。对产品概念的效果表现也需要更为细致而准确，清晰严谨地表达出产品方案设计的主要信息(外观形态特征、内部结构、加工工艺与材料等）。当前，除了手绘效果图，设计师更多的是采用计算机建模、渲染效果图的方法呈现产品设计的方案，其主要目的是完整地展示产品的功能、造型、色彩、结构、工艺、材料等信息，忠实、客观地表现未来产品的实际面貌，力争做到从视觉上帮助设计者、工程技术人员和消费者进行沟通。展示实际效果的模型（样机），同样是用于方案整体表现和分析的重要内容，也是对产品设计方案进行综合评价的主要依据。

一、效果图表现手法

设计效果图也称设计预想图、设计方案图、设计展示图等。它是设计师根据内容要求，应用特定的绘制工具（手工工具和仪器设备），借助艺术绘画和工程制图的方法，将构想的形态遵照可视真实的原则理性地绘制出的一种具有诱人魅力的图画。设计效果图既不同于纯艺术的绘画作品，又与纯技术的工程设计图存在区别，它融合了二者的表现手法，用艺术性的方式传达科学性的概念（图 5-30、图 5-31）。

设计效果图绘制的主要目的是表现设计师的创意构想，将构想中的产品形态在平面空间上具象化。效果图应充分展示产品立体形象的秩序、厚度、尺度、体量，并体现出匀净、严谨等特点。效果图绘制的基本要求是：展现立体感，表现出材料质感，结构关系合理，具备整体美感。

随着设计工具的不断更新，设计效果图的绘制方式也随之增加。根据绘制手法，效果图可主要分为手工绘制效果图和电脑制作效果图（图 5-32）；依据设计要求和意图，又可分为方案效果图、展示性效果图和三视效果图。

① 方案效果图：以启发、诱导设计，辅助交流、研讨方案为目的而绘制的初级效果图。通常此时，设计尚未完全成熟，还处于有待进一步推敲斟酌的阶段。这时往往需要绘制较多的图来进行比较、优选、综合，但较前期的构思草图要

图 5-30 手绘产品效果图常用表现形式

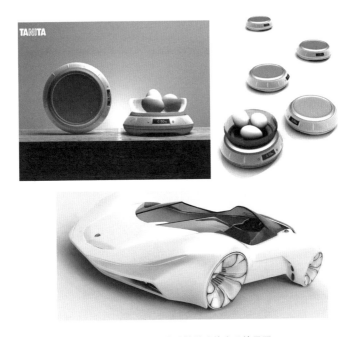

图 5-31 用电脑软件渲染产品效果图

图 5-32　手工绘制与电脑制作的效果图对比

详细而严谨，局部的细节、比例关系、结构、色彩及材质肌理等也要基本符合构想产品的实际效果（图 5-33）。

② 展示性效果图：表现已较为成熟、完善的产品设计方案，作图的目的大多在于提供决策者审定和作为生产时的依据，有时也用于新产品的宣传、介绍和推广。

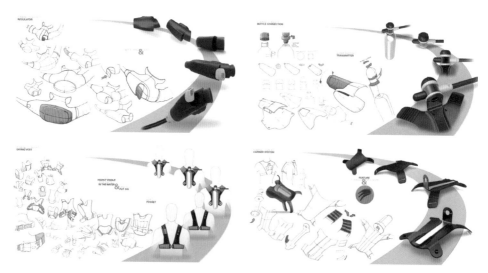

图 5-33　潜水设备设计的方案性草图

这类效果图要能充分表达出产品的形、色、材、质以及工艺的特点，要强调细节的刻画和主体内容的展示。展示性效果图的整体画面应能够突出产品的品质和亮点，并结合背景与附加物体现出创意和设计的感染力。当前，这类效果图多应用计算机绘图软件制作。众多功能强大的二维和三维软件不仅给设计者提供了更灵活和快捷的创作方式，也增强了效果图表现的真实感、艺术性和精致感（图 5-34）。

图 5-34 展示性效果图示例

③ 三视效果图：直接利用三视图（或选择其中一两个视图）制作的效果图。这种效果图的特点是作图较为简便，不需另做透视图，立面的视觉效果直接，尺寸、比例不会因透视产生误差；缺点是表现面较窄，难以展示前两类效果图所表现的立体感和空间视觉形态（图 5-35）。

产品设计方案的表现效果图，应以展示和传达设计理念为目的进行绘制，力求真实地表现预想产品。绘制过程中应注意以下几点：

- 透视关系要正确，尽量选择正常的视角，夸张表现要适度。
- 质感力求真实，但要兼顾艺术美感，使效果更具感染力。
- 构图应纯净，主体形象与背景应具层次感，避免喧宾夺主。
- 表现形式可多样化，但应具有相通元素，保持整体感。
- 展示使用方式或过程，应力求简洁、明了。
- 进行细部特写或局部展开，以突出结构关系。
- 增加必要的文字说明和提示。

二、计算机辅助设计的应用

现代设计离不开对计算机的应用。随着 CAD 技术的发展，从概念设想到资料的收集、分析、综合，再到表达的各个设计过程，都离不开对其的应用。CAD

图 5-35　手机三视效果图与自行车平面效果图

之所以被广泛应用，主要是由于其简化了设计所使用工具和材料，使变更和修正的速度明显加快，便于复制和批量化处理。总之，CAD 技术使设计表现效果更加稳定而精致，操作方式也十分方便。目前 CAD 所应用的领域，已从家电、汽车、医疗、电子到国防武器、宇宙航空，几乎无所不在。用于 CAD 设计的软件也各式各样，如 Pro/E、Alias、UG、Maya、Rhino、3D Max 等，都是常用的三维建模、渲染及动画软件。在德国奔驰公司的设计部，设计师、工程师们已经远离了油泥模型制作、样车打造和风洞试验、实体冲撞试验等耗费人力物力的传统设计检测手段，取而代之的是各种数字化的虚拟现实设备。一般而言，在设计过程的不同阶段，会分别选择适当的软件或 CAD 技术来完成相应的任务。其具体做法如图 5-36 所示。

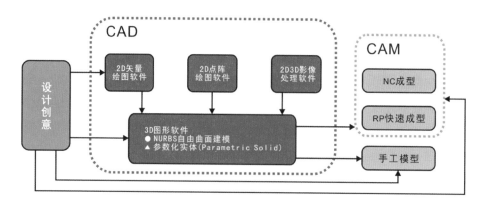

图 5-36　计算机辅助设计与加工

就常用的 CAD 来讲，其在产品设计过程中的功能和应用形式主要有以下几种：

① 绘制 2D 草图：应用二维绘图软件和手绘板等在计算机上直接绘制构思草

图或者效果图。其表现效果与手工绘制的效果图近似或更佳，但过程相对简捷且形态细节准确。

② 构建 3D 模型：以点、线、面或参数建立出完整的实体模型。电脑能够准确地记录每一次操作中包含的位置、长度、面积、角度等信息，经自动运算交换坐标系统，便可轻易地平移、转动、分解、结合；同时，也可以切换观察视图，对实体进行细致的观察和修正（图 5-37）。

③ 虚拟现实渲染：通过赋予实体模型以色彩、材质和贴图，对建立的产品模型进行虚拟现实渲染，使模型更具真实感。设计师通常会选用适当的软件使渲染效果逼真而准确，同时，为了增强表现效果也会采用艺术化的处理方式（图 5-38、图 5-39）。

三、模型制作与技术

如果说设计效果图可以使人们通过视觉感知意义，那么产品设计模型则由于其纯粹物质的立体空间形象，不但具备了更丰富的视觉价值，还具备了触觉的价值，使设计表现更具真实感。同时，制作产品模型也是对设计对象进行直接分析、评价和感知的必要手段。在计算机辅助设计（CAD）逐渐普及并深入到设计各个环节的今天，虚拟展示、模拟现实技术的应用也越来越广泛，设计师为了缩短设计开发的周期，开始忽视或者放弃产品模型的制作。但事实证明，产品设计模型是将我们的视觉感知和头脑中的感性评价转化为切实的知觉体验的重要途径和方式；由于视错觉的存在，实体模型的量感和结构关系通常与平面图纸及计算机图像中所显示的内容存在着一定的偏差，而且有些细节或局部结构（如倒角、表面工艺等）的问题只有在制作模型实体的过程中才能体现出来。模型与效果图的区别就好像雕塑与绘画的差别，绘画中的质感是心理所产生的共鸣，而雕塑则通过触摸、感知给人以真实感。

从设计过程中模型制作的用途看，产品模型主要有以下几类：

① 探索性模型，也称为概念模型、早期模型，是设计师在工作进展到一定阶段时制造的实物模型，以便了解产品的形态构造、工艺和使用特性，进而验证人、物、环境的合理关系和产品功能的可行性。这类模型通常不要求细节的精确性，材料的选择和制作方式也力求简单快捷，能够表达基本的概念构思即可（图 5-40）。

② 工作模型，也称分析模型，是设计师根据需要，就设计中的某些具体问题

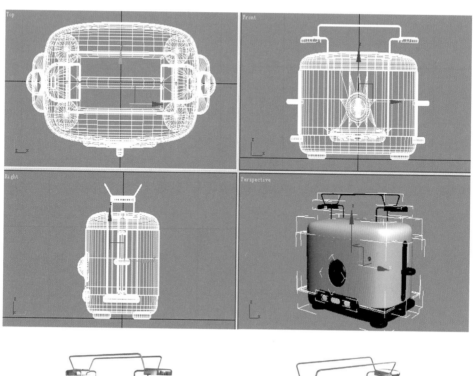

图 5-37 面包机的 3D 模型构建及渲染

图 5-38　汽车设计方案的渲染效果

图 5-39　摄像机的渲染效果

图 5-40 探索性模型范例

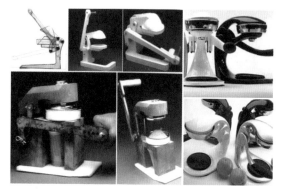

图 5-41 榨汁机工作模型与实际产品

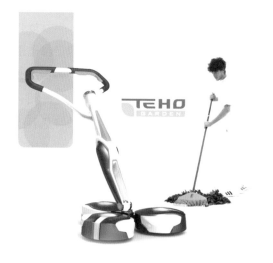

图 5-42 割草机设计方案展示模型

而制作的一种目的性较强的模型，以便深入研究产品的某一属性，如形态变化、结构关系、色彩方案和工艺细节、功能组件的分布等。同样，这类模型在选材上应该以能够快速有效地达到研讨的效果为目的，一般都选择较易成型的材料，如石膏、高密度发泡泡沫、油泥等（图 5-41）。

③ 实体模型，常称为外观模型、标准模型，是设计师构想的产品投放生产前所制作的较完善的模型，质量要求比较高，形态上与真实产品相像，但不能工作。其外观效果可用于产品后期的宣传。这类模型一般在设计方案定稿之后制作，主要用于效果展示和外观评估，材料、工艺、色彩及质感、关键结构等内容都应在模型中得到体现，这类模型通常由专业模型师或模型制作公司来完成（图 5-42）。

通过对各类模型的制作与测试，产品设计方案得到综合性的检验和评估后，可以形成相应的生产文件，最终交由企业管理层决定是否制作样机并投入生产。

第五节 设计评价与实现

在产品设计方案完成后，企业管理层会召开设计会议对各个方案进行综合性的评价，从而选择最终投产的方案。这种评价，不单是对产品的创新形式、功能和效果表现等内容的感性评价，也是针对成本核算、市场接受程度、销售前景、生产可行性、市场竞争力及存在的风险等的量化评价，量化评价的过程需要有严谨的数字来作为依据。设计方案一旦确定，就转入到产品的商品化实施阶段，设计人员要与技术人员、生产人员紧密合作，共同完成具体的设计实施内容，包括精确的尺寸图、零件图、装配图、样机或真机模型以及最终的模具开发等。

一、设计评价

设计评价是指在设计过程中对设计方案进行比较、评定，由此判断各方案的价值、优劣，最终筛选出最佳方案。在设计评价的过程中，一般先根据特定的评价标准对设计方案进行判断，然后形成主观或客观的意见。设计过程通常的逻辑是：分析—综合—评价—决策，在分析设计对象的特点、设计要求及各种制约条件的前提下，综合分析多种设计方案，最后做出决策，筛选出符合设计目标要求的最佳设计方案。

现代企业一般采用综合评价的方式对设计方案进行甄选和评估。综合评价是将不同的人、不同的视角、不同的要求进行汇编，通过定量和定性分析，评估设计方案的实际开发价值，并对设计施加影响，其本质可以说是设计付诸生产之前的试验和检验，其目标是尽量降低生产投入的风险。设计过程的投入成本与生产投入成本要少得多，如果一款产品在投入生产后发现存在缺陷或问题，企业蒙受的损失要远远超出前期开发设计中的成本投入。因此，任何一个企业对于设计方案的综合评价和筛选都是十分严格而慎重的，有时甚至需要经过反复地评价和论证才能决定最终的方案。

在综合评价阶段，企业通常汇集各方面人员组成评审委员会，召开评审会议。评审委员会成员包括企业的决策者、销售人员、生产技术人员、设计人员、消费者代表、供应商与经销商、顾问专家等。他们从各自不同的角度来审查、评价设计方案，并针对评价内容对方案进行评分或提出相关建议。因此，尽可能全方位、立体、真实地展示与说明设计构想尤为关键（图5-43）。

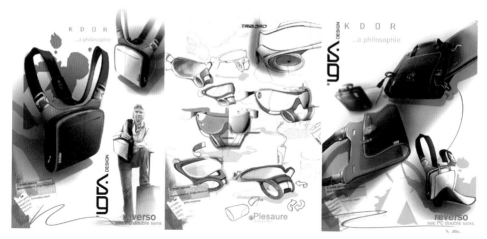

图 5-43　背包设计展示版

　　企业为了确保评价工作的顺利进行，提高工作效率，得到有效的评价结论，一般在评价工作开始之前，要明确开发任务的主要意图和基本构思，设置相应的评价内容和标准，区分出评价要素的重要性级别。不同的企业针对具体的设计项目会制定不同的评价内容，因此，评价标准并不是固定的。这就需要企业在评审之前确定适宜的评审程序和进程（图 5-44）。

　　1. 设计评价的分类

　　不同的团体、企业和个人在设计评价过程中采用的依据和标准并不完全相同，根据具体的需求，往往各有侧重。如 IBM 公司与苹果公司虽同为电脑生产厂商，但是产品的评价标准却大相径庭；美国 IDEA 与日本 G-MARK 的评选标准也有着明显的差异。在不同的评价活动中，由于评价主体或评价对象的不同，设计评价的依据也多种多样。

　　① 从设计评价的主体出发，可将评价依据区分为：

　　• 消费者的评价依据：成本、价格、使用性、安全性、可靠性、加工性、审美性等方面。

　　• 企业（生产经营者）的评价依据：成本、利润、可行性、加工性、生产周期、销售前景等方面。

　　• 设计师的评价依据：社会效果、对环境的影响、与人们的生活方式的关系、宜人性、使用性、审美价值、时代性等综合性能。

　　• 管理者（主管部门）的评价依据：在标准和范围上一般较接近于设计师的评

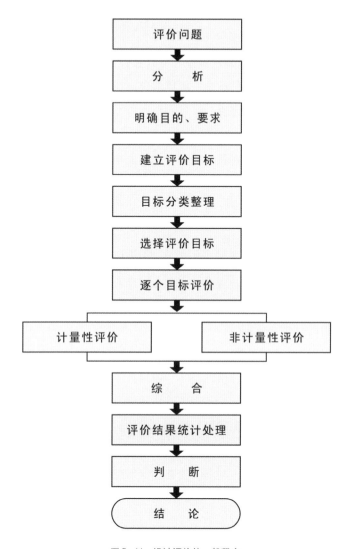

图 5-44　设计评价的一般程序

　　价依据，但更偏重于方案的先进性、社会性和可行性等。
理想的设计评价应是综合上述四个方面，并在其基础上谋求最佳的平衡点。
② 从设计评价的性质出发，可将评价依据区分为：
● 定性评价：指对一些非计量性的评价项目，如审美性、舒适性、创造性等进
　　行的评价。在设计评价中，定性评价的应用相当广泛。其不足在于容易受到
　　评价者主观因素的影响，从而使评价的结果有较大的差异甚至出现错误。

- 定量评价：指对可以计量的评价项目，如成本、技术性能（可用参数表示）等进行的评价。

实际的评价中一般都会遇到计量性和非计量性两种评价项目，可以采用不同的方法加以评价，得到两类评价结果，然后再做出判断和决策，也可以采取综合处理的方式对两类问题统一进行评价。

③ 从设计评价的过程出发，可将评价依据区分为：

- 理性评价：以理性的判断和分析为主，如判断方案的价格、成本、技术的可实现性等。

- 感性评价：以感性和直觉判断为主，如判断方案的色彩、造型美感、表面肌理的视觉效果等。

设计师的评价一般基于个人的工作经验，因为评价的项目大都是非计量性的，特别是造型项目更要依赖直觉。为弥补因个人偏见而造成的偏差，在评价中一般采用模糊评价的方法，或多人同时进行评价，综合后得出结论。

2. 设计评价的目标和依据

① 进行设计评价前，需要明确评价的目标。评价目标是针对设计所要达到的目的、效果制定的，用于指明评价的范畴和项目。一般来说，工业设计的评价目标大致包括以下几个方面的内容：

- 技术性评价目标：技术上的可行性与先进性、工作性能、可靠性、安全性、宜人性、实用性等。

- 经济性评价目标：成本、利润、投资、竞争潜力、市场前景等。

- 社会性评价目标：社会效益、推动技术进步和促进生产力发展的情况、环境功能、资源利用情况、对人们生活方式的影响、对人们身心健康的影响。

- 审美性评价目标：造型风格、形态、色彩、时代性、创造性、传达性、审美价值、心理效果等。

一般来说，对设计的所有要求以及设计所要追求的目标都可以作为设计评价的目标。但为了提高评价效率，降低评价实施的成本和减轻工作量，不宜设置过多的评价目标，通常可选择 10 项左右最能反映设计方案和产品性能的重要设计要求作为评价目标的具体内容。此外，设计对象不同、设计所处的阶段不同、人们对设计评价的要求不同，评价目标的内容也有所不同，应根据具体问题具体分析，选择适当的内容建立评价目标体系。

② 设计评价依据主要包括：

- 工学的评价依据：包括零部件的组合情况、结构与功能的实现、材料与工艺应用的合理性等。

- 美学的评价依据：包括美学规律、风格塑造、审美心理、社会接受度等。

- 心理的评价依据：包括影响产品的文化背景、时代性、法规及诚实性等。

- 生理的评价依据：包括产品的使用状况、安全性、人机交互等操作问题以及后期的维护与清理等。

- 经济的评价依据：包括产品的成本、效益、功能价值等。

二、设计评价的方法

目前，国内外已提出近 30 种设计评价方法，概括起来主要分为三大类：经验性评价方法、数学分析类评价方法和试验性评价方法，其中常用的有以下几种：

1. 简单评价法

简单评价法是经验性评价方法中常用的较为简单的评价方法，主要有两种形式：排队法和点评价法。

① 排队法：指很多方案出现优劣比较交错时，将方案两两比较，优者打 1 分，劣者打 0 分，总分数高者为最佳方案。如表 5-2，对 A、B、C、D、E 方案进行了两两比较，评价结论是 B 方案总分最高，即为最佳方案。

② 点评价法：依据确定的设计评价目标项目对各方案逐点做粗略评价，并用符号"＋"（行）、"－"（不行）、"？"（再研究一下）、"！"（重新检

比较〳比较	A	B	C	D	E	总分
A		0	1	0	0	1
B	1		1	1	0	3
C	0	0		1	1	2
D	1	0	0		0	1
E	1	1	0	0		2

表 5-2 排队法实例

查设计）等表示出来。最后，根据评价情况做出选择（表 5-3）。

2. 名次记分法

名次记分法是由一组专家对 n 个待评价方案进行总评分。每个专家根据优劣排出 n 个方案的名次，名次最高者给 n 分，名次最低者给 1 分，依次类推。然后，把每个方案的得分数相加，总分高者为最佳。这种方法也可以依评价目标逐项使用，最后再综合各方案在每个评价目标上的得分，用一定的总分记分方法加以处理，得出更为准确的评价结果。为了提高评价的客观性和准确性，在用名次记分法进行设计评价时，最好采取逐项评价的方式，即使不逐项评价，也应建立评价目标或评价项目，以便评价者有一个基本的评价依据。如表 5-4 所示名次记分法实例，其中有 6 名专家，5 个待评价方案。

3. 评分法

评分法是针对评价目标，以直觉判断为主，按一定的打分标准衡量方案优劣的一种定量评价方法。如果评价目标为多项，要对各目标分别进行评分，然后经统计，求得被评方案在所有目标上的总分。

待评方案　　评价	A	B	C
Z_1功能符合要求	+	+	+
Z_2成本符合要求	−	−	+
Z_3加工装配符合要求	+	?	+
Z_4使用维护符合要求	+	?	+
Z_5宜人性符合要求	−	+	+
Z_6造型效果优良	+	?	+
Z_7对环境无公害	+	+	+
Z_8时代感强	+	+	+
总评	6+	?	8+
结论:C方案最佳			

表 5-3　点评价法实例

专家代号 方案代号	A	B	C	D	E	F	总分 X
01	5	3	5	4	4	5	26
02	4	5	4	3	5	3	24
03	3	4	1	5	3	4	20
04	2	1	3	2	2	1	11
05	1	2	2	1	1	2	9
评价结论：01 方案最佳							26

表 5-4　名次记分法实例

	评分	0	1	2	3	4	5	6	7	8	9	10
10分制	优劣程度	不能用	缺陷多	较差	勉强可用	可用	基本满意	良	好	很好	超目标	理想
	评分	0	1		2		3		4		5	
5分制	优劣程度	不能用	勉强可用		可用		良好		很好		理想	

表 5-5　评分标准

① 评分标准：评分法中一般用 5 分制或 10 分制对方案进行打分，评分标准的具体内容参见表 5-5 所列。在使用评分标准对方案打分时，如果方案处于理想状态，评分为 5 分（或 10 分），最差时评 0 分。

② 评分方式：为减少主观因素对评分的影响，一般采用集体评分的方式，由几个评分者以评价目标为序对各方案评分，取平均值或去除最大、最小值后的平均值作为最终分值。

此外，常用的设计评价方法还有语意区分评价法、技术—经济评价法、模糊评价法、设问法等。

三、设计实现

经过综合评价与反复论证，设计师会根据具体建议对备选方案进行适当修正，进而确定最终方案并转交生产技术部门投入生产。在设计实施阶段，设计师的主要任务是与生产人员协作，协助处理并解决实际生产中出现的一系列问题。这一阶段的工作主要包括以下几点：

1. 结构工艺可行性分析

由于设计过程中已经对结构、材料、工艺进行了调查研究，因此，设计实施前，设计人员的主要工作是协助工程技术人员把握结构与工艺的最终可视化效果，将其转化为量化的生产指导数据，以求设计的原创性不在生产中损失。例如，设计师应在分析产品表面色彩喷涂工艺的基础上，配合工程技术人员确定色标。

2. 样机模型制作与检测

样机模型是设计的最终实体结果，形态上要求接近真实产品的效果，细节也需表现得非常充分。外观质量、材料质地、使用操作方式、功能运转原理等都应清晰准确地表现出来。样机的制作主要用来进行最后的产品直观评价和生产风险检验，有时也用于参加各类展示活动和订货洽谈会。

由于制作要求很高，因此样机模型多由专业的模型公司来生产。传统的样机制作多采用车、铣、锻、压、切割、拼接、黏合等基本方式结合手工来处理，而现在随着计算机辅助制造技术（CAM）慢慢地介入到设计领域，部分样机制作已经由计算机辅助完成，当前应用比较广的是基于参数化建模技术平台上的 RP 激光快速成型技术、NC 数控精密车铣技术和更为快捷的 3D 打印技术。应用数字技术平台的优势在于可以提高加工精度、缩短工期，同时也便于及时修改设计，优化结构和功能（图 5-45）。

3. 设计输出

设计输出是指根据样机和电脑中的参数化模型绘制工程图纸，规范数据文件（文件格式应符合数字化加工的要求）。如图 5-46 为自行车锁的设计模型文件，图 5-47 为自行车辅助附件设计模型文件。这时的模型文件可以交付模具生产厂家进行模具设计与生产，设计师同样肩负着生产监理的任务，以确保最终的效果。在可能的情况下，设计小组还要对产品的用户界面、包装、使用说明书以及广告推广等诸多内容进行统一设计，这才是一个完整的设计输出过程。

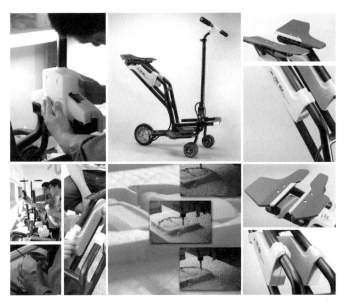

图 5—45 机场公共交通工具样机制作与模型

图 5—46 自行车锁设计工程图纸文件

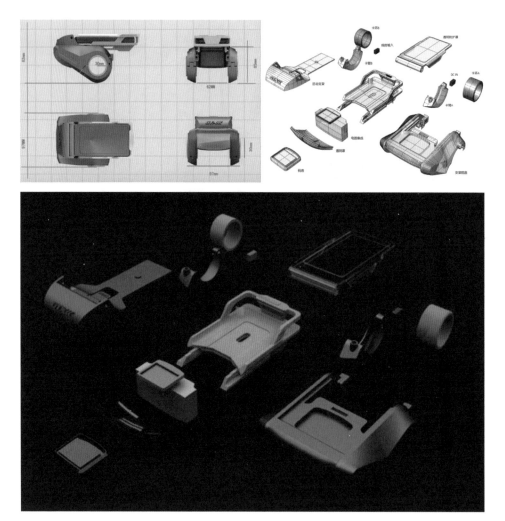

图 5-47 自行车辅助附件设计模型文件

第六章 | Chapter 6

设计，从简单到复杂

设计能力的提升是一个循序渐进的过程，既包括设计思维的培养，也包括设计技能的训练与提高。虽然设计创新的过程离不开设计师的直觉和感性，但面对越来越复杂的设计环境和设计问题，设计工作需要多部门和跨专业的协作，设计师也需要具备更为丰富的实践经验和科学知识。因此，无论是设计初学者，还是专业设计师，都应通过理论知识学习和实践技能训练来不断提升自身看待问题、发现问题、分析问题和解决问题的设计能力。对于设计院校的专业教学来讲，设计理论延伸与设计实践拓展是相辅相成、紧密联系的。产品设计专业的教学需要兼顾理论与实践，其内容设置应是一个从简单到复杂的循序渐进的过程。学生在这个过程中，逐渐构建起坚实的设计知识与能力体系。

第一节 产品设计专业课题的设置

一、设计教学类课题的设置

国内设计专业的本科教学多吸收并借鉴包豪斯教学模式，重视理论与实践相结合，也就是技艺兼顾或道器并行，尤其强调理论指导下的实践应用。因此，课程教学多采用"理论知识点 + 课题项目"的方式，其中课题的设置往往因课而易，因教而异。总体来看，国内设计院校设置的课题主要分为两类：教学类和实践类。教学类课题是为设计专业学生制定的教学内容和培养计划；实践类课题则是院校直接参与的企业产品设计研发项目，主要是来自企业的设计委托任务，其类型与企业的产品开发和创新课题相同。

教学类课题根据教学目标和培养计划设置的不同有所区别，主要分为以下几种：

1.创新思维的训练课题

主要是通过感性与理性的综合训练来培养学生的创新思维。所谓创新思维，是指通过运用概念以及判断、推理等方式形成新的观念系统。创新思维是设计师必须具有的一种思维能力。该类课题的重点在于方案的新颖性、求异性、想象性、巧妙性与灵感性。创新思维的训练课题的教学目标是培养学生的创造力、想象力及发散思维的能力等（图 6-1）。

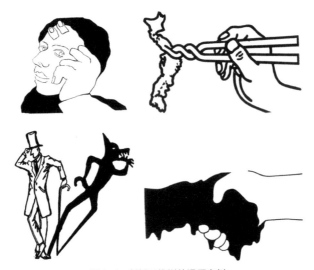

图 6-1　创新思维训练课题实例

2.特定理念的课题设计

特定理念的课题是指针对某一设计理念或方法进行的课程设置，如以仿生设计、绿色设计、人性化设计等为主题的课题设置。学生必须在限定的范围内完成课题设计，因而其设计内容、方法都具有明确的针对性，重点突出。这有助于学生拓展设计观念和设计思维，以便将来能够灵活运用各种设计方法（图 6-2、图 6-3）。

图 6-2　波纹仿生收音机设计方案

3. 特定方向的专业课题

这类课题是针对具体的设计内容或特定的产品类别来设置的，目的是引导学生将理论知识正确地运用到设计实践中。如大部分设计院校都开设的家具设计、交通工具设计等课题，尽管并不是针对实际生产制造中的产品设计任务，但同样对可行性、创新性、形式感等设计内容提出了明确的要求，设计方案也需具有一定的合理性（图6-4）。

图6-3　瓦楞纸椅子设计方案

4. 毕业设计课题

毕业设计课题是每一个毕业生必须要完成的设计任务，其内容要求也最为严格、全面。毕业设计课题以实际产品设计项目或虚拟的研究性创新课题为主。最终的设计方案必须在技术上可行并具有突出的创新性，与此同时，方案的表现效果也是评估的重要因素（图6-5）。

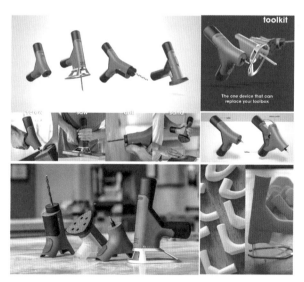

图6-4　手持工具设计方案

二、设计竞赛类课题设置

当前，国际社会普遍重视发展设计，各国政府、机构和企业都在采取各种措施持续提升设计竞争力，除了加大对设计的投入和引导外，还积极开展各类优良设计评选和设计竞赛，鼓励设计创新并加强设计交流。作为设计领域专业交流的良好平台，各类设计竞赛活动受到了设计院校师生和自由设计师的普遍重视。面向设计

图 6-5　东南大学产品设计专业毕业设计作品

竞赛或企业资助竞赛项目的设计课题也被引入设计教学之中，成为独具特色的教学形式，即"以赛促学"。这类课题针对竞赛主题和要求，集中培养学生的设计思维与综合技能，锻炼学生灵活运用技法、解决实际问题以及团队协作、项目表述等方面的能力。总体来看，设计评选与竞赛活动通常是经过系统研究、组织和规划的专业性较强的活动，其主题明确、程序规范、要求详细、评价合理，为设计人员提供了相对公正、开放的平台。

　　需注意的是，设计竞赛类课题尽管具有明显的针对性和时效性，但其目的与设计教学目标并不是完全一致的。设计竞赛是一种激励创新的方式，其所看重的是最终的结果；而设计教学则需要学生掌握设计的过程，并从中获得从事设计的经验和方法。因此，在教学中应用设计竞赛课题，必须从教学目的出发，根据实际的教学课程内容要求对竞赛课题进行选择、再设置，进而使设计竞赛课题切实地促进教学活动。

　　设计竞赛活动通常是面向整个设计界的，而不仅仅是为设计院校师生设置的。从当前设计院校的教学计划和课程设置来看，不同年级、不同阶段的课程教学应当选取适当的竞赛课题。这一方面是由于竞赛课题的要求不同，另一方面是由于学生所掌握的设计技能和知识层次存在差异。设计竞赛课题的选取，具体可以分为以下几个阶段。

1. 基于制造——二年级课题

以生产制造及设计过程为主题的竞赛课题通常关注产品的材料应用和制造工艺等问题，并且比较看重解决问题的方法和过程，对于具体的表现形式和表现效果则不作过多要求。因此，这类竞赛课题比较适合作为本科二年级的教学课题。二年级是进入设计专业课程教学的初级阶段，教学内容还限于基础设计技能方面，涉及的深层次的设计理论并不太多。所以，设置此类课题时应注意尽量让学生运用基本的设计技能来完成设计任务，重点是在此过程中掌握生产制造的相关知识和经验，进而培养学生的创新思维。

此类课题并不要求对制造方式和工艺、材料的性质进行细致的分析和研究，而是鼓励学生从生产制造过程中寻找问题、发现问题，并应用设计技能来提出解决方案；引导学生从新的视角来观察、审视材料的应用性，并在产品设计中应用新材料、创造新产品（图6-6）。此类课题的设置应注意以下几点：

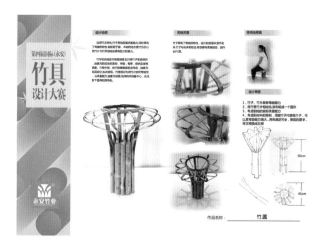

图6-6　永安竹家具设计竞赛获奖作品

① 重"问题"，轻"项目"——即针对存在的问题展开设计，提出解决方案，而不是针对一个具体的项目，如手机设计、家电设计等。课题的设置应关注解决现有产品中的问题，如手机、家电的按键误操作、荧光显示不清晰、材料过于光滑等。

图6-7 国际自行车设计竞赛获奖作品

② 重"过程",轻"效果"——即重视解决问题的过程和方法,尽量避免过于看重最终的表现效果。过程反映的是创新思维,而效果则更多集中在技法上。

③ 弃"繁"从"简",避"重"就"轻"——即根据学生实际的设计能力尽量选择相对简洁、简单与熟悉的竞赛课题,如家具、玩具等;避免选择过于复杂、内容过多、技术要求过高的课题,如汽车设计、医疗器械设计等。

2.用户创新——三年级课题

此类课题的重点在于人与机器(产品)的交互关系研究,简单说就是以用户为中心的设计,即从用户的需求和使用行为入手,对产品进行创新和改良,关注产品的人性化和宜人化设计方面。这类课题需要学生对生活具有敏锐的观察能力,并能将观察到的内容在设计中体现出来,因此,此类课题比较适合经过两年专业学习的三年级学生。

"以人为本"是设计的基本原则,在实际的教学中要引导学生做到"为人设计",培养他们观察生活、观察人的行为和观察人对产品的使用方式的能力,从用户的需求出发,解决产品功能的需求问题、人与产品的交互问题以及人机工学问题等(图6-7)。总的来看,应注意以下两点:

① 以用户为中心,以需求为前导——即从人的需求出发来观察生活,通过设计来解决生活中的问题,以产品(或概念性产品)的形式满足人对功能的需求。

② 从现实出发,避免"科幻"——即运用切实可行的技术或方法来解决实际

的问题，尽量避免堆叠或罗列众多"未来科技"来实现产品功能。

3. 功能创新——四年级课题

此类课题所要解决的是产品如何操作、使用和更好地运行的问题。其设计的重点在于对产品进行功能上的改良和创新，使产品在使用时更有效率、更快捷、更方便，即与人的关系更合理。这样的设计课题要求设计者必须熟练掌握生产制造、基础结构等知识以及与设计项目相关的内容，所以，其最适合最后一年的本科教学。通过合理的课程设置，学生能够更加系统地学习产品创新设计的理论知识，并综合运用相关知识完成设计任务。

功能创新是工业设计区别于结构设计（或机械设计）的重要因素之一。这里的功能是指产品的使用价值，即用户对产品的本质需求，如手机的功能是满足用户对移动式通信的需求，其价值也就在于能够实现此功能；类似的如椅子的功能在于"坐"，汽车的功能在于"行"等。功能创新就是要对现有的产品功能进行改良与再造，以更好地满足需求或填补功能空白（图6-8）。在课程设置中，应注意以下两点：

① 功能更佳，不等于功能增加——即功能创新是获得更好的功能或使功能更好地满足人的使用需求，而不是盲目地增加产品功能，使其成为解决所有问题的"超科技"产品。

② 功能不等于性能——即创新的目的是改善、改良或改进产品的使用功能，而不是单纯地改进产品的性能，如提高产品的性能参数、零部件配置等。功能创新所关注的是功能的"使用"层面，而不是性能的"程度"，例如，CPU运算速度的快慢不属于功能创新，如何运用CPU解决人们生活中的问题才是功能创新。

4. 方式创新——毕业设计课题

此类课题的重点在于产品构成形式与方式的变革和创新，通常要求对目标产品进行革命性的设计，并赋予产品不同寻常的形式。这里的不同寻常不单是指造型或装饰上的变化，而是尽力探求一种重新定义产品类型的方式，使产品脱离其常规意义上的固有概念。如图6-9所示，微软新一代个人电脑设计竞赛的获奖作品"书架"电脑设计，就是对当前基于视窗模式的个人电脑及其在生活中所扮演的角色进行的重新思考。设计者预想产品形式对数字生活模式的影响——从工作、家庭中的个人用品到休闲娱乐、通讯产品等；并思考可持续性发展技术、生态技术及环境创

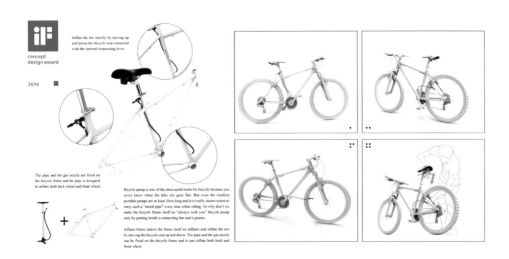

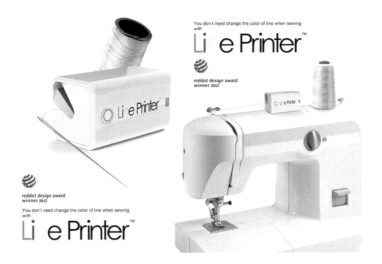

图 6-8 iF 概念设计奖与红点奖获奖作品

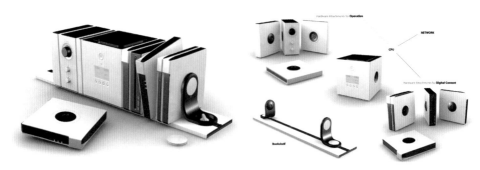

图 6-9 "书架"电脑设计

新等问题，进而设计出新一代个人电脑的构成方式。这件作品正体现了此次竞赛的目的——探求个人电脑的"未来方式"。方式创新型课题需要学生对设计有较深层的理解，并能正确地把握人的生活方式以及时尚潮流等，进而完成引导或改变人类生活方式的设计任务。此类课题的开展需要注意以下几点：

① "方式"要突破"形式"，要避免"装饰"——即方式创新型设计要重新定义产品的造型方法和构成方式，打破传统的、常规的概念限定，简单地说就是"圆非圆，方非方"。此类设计要尽力避免过于追求变换装饰形式而使产品设计变成平面设计，装饰是导致产品多样化的一种形式，但通常不属于方式设计的内容。

② 是"革命"，不是"改革"——方式创新重视的是根本性的、超前的、独特的设计，而不是针对局部内容的改良和改进，因此，通常是针对某一因素、某一内容的全面创新并使其发生革命性的变化。

③ 重"系统"，要"细节"——即对产品进行系统上的创新和变化，使产品具有新的使用方式，并从整体上呈现出独特的形式；同时，也要对细节和局部加以考虑，尽量满足功能的合理性与可实现性。

5. 概念设计

除了以上几种外，可以作为教学课题的还有针对概念设计的竞赛项目。此类课题关注的是概念性的创新和构思，并不要求设计方案的可实现性，因此适合任何阶段的教学或阶段性训练。这类课题一般要求学生将主要精力放在概念和创意上，对传统产品进行新方式、新形式的分析研究，并且能够清晰明确地将概念构思表达给评委（图6-10）。概念设计竞赛一般会与先进科技、新材料、新工艺等内容联系起来，因此设计很容易流于虚无缥缈的"技术罗列"，这是应当尽量避免的。概念设计的重点应当是通过对产品语义的理解，采用概念性的构思来突破旧有形式，使产品在突出一定的技术先进性的基础上体现出更多的巧妙创意。总的来看，应尽量做到以下几点：

① 破"旧"立"新"——即从现有产品或传统概念中寻找创意点，使现有产品具有新的使用方式并呈现出全新的形式和时代感。

② 概念视觉化——即将提炼出的概念和构思，通过图纸或其他视觉形式有效地表现出来，力求形式简洁、直观而具有吸引力。

③ 有"理"有"矩"——有"理"就是要具有说服力，能够自圆其说并获得概念意义上的认同；有"矩"就是要有限度、有范围，避免毫无根据的想象和幻想。

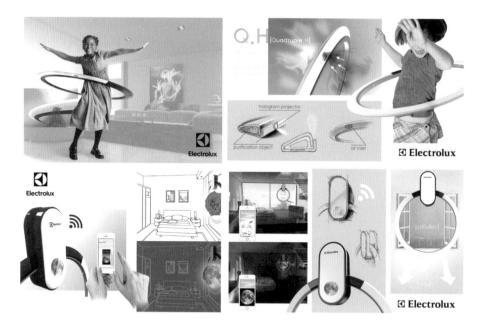

图 6-10 伊莱克斯设计实验室获奖作品：呼啦圈空气净化器

第二节 设计教学类课题案例解析

产品设计专业的课程设置通常遵循科学培养的原则，由浅入深，循序渐进。国内外设计院校往往会在每一学期设置不同类型和不同周期的设计课题，有短期的快题设计，也有持续整个学期的实践项目。课题可以是个人独立完成、团队合作完成，或者参与企业研发实习等。本节依据设计院校课程设置的不同要求，从快题设计、专题设计以及毕业设计三个层面来分析设计能力的培养与提升方式。

一、快题设计案例

设计专业的低年级课程多以创新思维能力和设计基本技能训练为主，设计实践课题主要是相对简单易行的快题设计，重视发现问题、发掘创意和增强设计表现等基础能力的训练和培养。产品设计是一项创造性活动，创意与创新是其最重要的体现。因此，短期快题设计在表现形式和技法上并不做严格要求，而是重视设计程序的创意和构思，对产品具体的功能合理性、技术可行性及生产适用性等内容的考虑也较少。这类课题的要求宽泛、开放,鼓励学生自主发掘问题,并引导学生关注社会、生活以及产品功能的缺陷等。快题设计不要求学生深入到产品内部复杂的技术环节,而是鼓励学生采用独特的视角或与众不同的方式观察问题,并将头脑中的想法和概念转化为图纸上的可视形象。以下是几类快题设计的案例:

1.创意发想类快题设计

快题设计课程有助于提高学生画草图、效果图的能力,使学生能够在产品发想阶段对方案进行积极的思考。图6-11是德国普福茨海姆应用科技大学工业设计专业快题设计课程的作业。课程要求学生对特定体育项目进行系统化的产品设计,

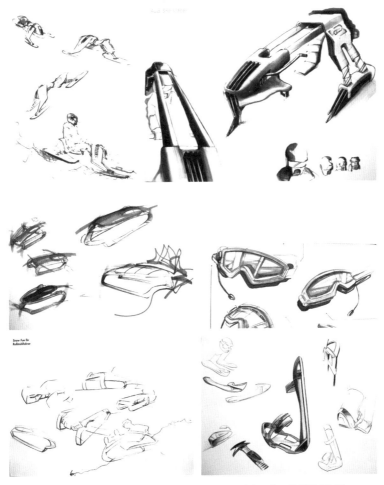

图6-11 德国普福茨海姆应用科技大学工业设计专业快题设计课程训练

并用草图快速表现出设计思路。图中作业选择了冬季滑雪设备——雪橇、防风镜作为课题的设计对象。雪橇的设计以其使用状态和娱乐性为考虑的重点，通过对结构和功能进行分析，快速罗列出两种全新的雪橇设计方案。一种是在现有产品基础上的改良设计，模拟了实际使用的状态；另一种则是概念设计的尝试，以三支撑的结构代替传统的双支撑结构，体现了雪橇的运动感和速度感。此外，作者凭借自身使用雪橇的经验，对卡扣的部分和防风镜做了尝试性的设计，使整个作品具有系列性，造型创意与功能构想也十分新颖。从表现效果的角度分析，该作业的说明性比较强，明确传达出了作者的意图。画面中，主体说明方案配合使用状态、结构和材料的简单构思，体现了作者思考方案的连贯性。

2. 快速表现类快题设计

产品的快速表现和快速思维发散是每一个学生应该具备的基本技能。不限定主题的快题设计课程在国内的设计院校中比较常见。通常，老师会要求学生选取自己感兴趣的一类产品，在限定的时间内将所有发散思维得到的方案绘制在一张版面上，版面的设计和安排都由学生自己决定，学生通常以手绘方式独立完成。学生在创作过程中可以自由地选择材料以及方案的表现方式，其所完成的作品，有的条理清晰、干净整洁，也有的张扬不羁，充满个性和视觉冲击力。

图 6-12 是产品设计专业的快题设计作业，两幅作业的构图和表现力度相似。虽然版面上选取的物品很多，但对于单个物品的描述都很到位。对产品造型进行发散式构想有助于形成最佳方案，此外，在草图周围添加辅助结构和使用说明，可以增加画面的层次感，加强整体的感觉。

图 6-13 中的两件作品的设计方案叙述和草图、效果图的表现内容都清晰明确。图 6-13 的上图以类人型机器人为设计对象，提出了几种构思方案，并赋予不同功能的机器人不同的形态，展现其不同的个性。设计者重点刻画了机械结构等细节，版面整体，层次分明。对机器人工作的场景的呈现，也使画面显得更为生动。图 6-13 的下图为参加 Intel 设计竞赛的作品，展现了对 UMPC（Ultra-mobile Personal Computer，超级移动个人计算机）设计的快速构想。此类作品展现的内容较多，画面需要具有很好的叙述性。图中作品的作者通过借鉴市场上已经存在的滑开式键盘结构的 UMPC 产品，提出了自己的设计方案。整个版面划分为几个区域，有最终方案的展示，也有造型设计思路的延展，同时还有使用方式的介绍和附属产品的设计方案。作者在图中对这几个部分都做了细节刻画和结构说明，呈现了一个比较完整

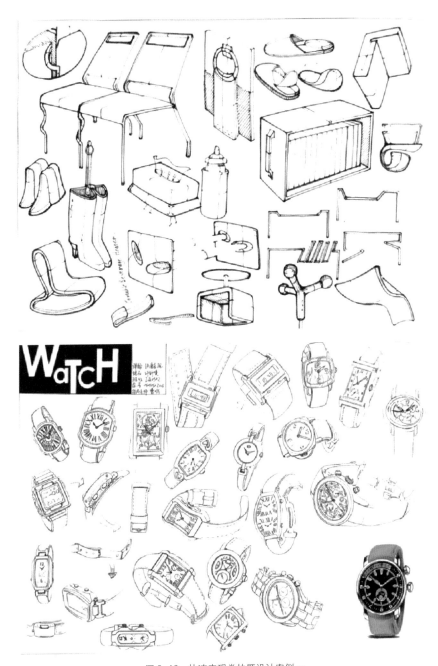

图 6–12　快速表现类快题设计案例一

图 6-13 快速表现类快题设计案例二

的快题设计训练作业。

　　快速表现以扎实的草图基本功为基础，表现手法非常自由，没有严格的限定。在课程中，同学们可以随心所欲地表现设计的主题，大胆地将自己的设计思路通过故事一样的草图展现出来。多进行这方面的锻炼，除了能提高设计表现的技能外，还能锻炼同学们的发散性思维和对设计的敏感性。

　　3. 原型制作类快题设计

　　产品设计一般以实体物品作为设计对象，结合对实用功能、技术、结构、材料与美感等因素的考量，进行设计创新。方案草图构思和预想效果图表现往往只停留在视觉的观察和感受上，不能反映人的触觉体验和实际使用感受。因此，产品原型制作对于体察设计方案的实际效果、具体结构原理、可操作性、人机关系具有非常重要的作用。院校的原型制作类快题一般会针对具体产品或某项功能设置课程要求，让学生综合利用各种表现形式和方法来制作产品原型，进而在制作过程中掌握材料、工艺、技术、结构以及美感等内容与功能实现的关联性（图6—14）。

图6—14　东南大学产品设计课程的竹家具原型制作作品展示

二、专题设计案例

　　专题设计是产品设计专业训练的重要内容，需要灵活运用相关知识和技能来完成命题式的设计任务。快题设计的训练和其他相关知识的积累为专题设计打下了基础，专题设计需要学生在实际设计项目中熟悉完整的设计流程与方法，并清楚各阶段需要完成的工作和输出的成果。这就需要训练学生在方案构思—草图草案—产品效果图—模型制作过程中综合运用相关知识的能力。专题设计任务通常分小组或自由组合团队完成，制定严格的设计进程表，并根据课程内容划分为几个不同的阶段。小组或团队需在不同阶段定期汇报成果，在与专家或其他成员讨论、交流后做出评价，并对方案进行完善、细化或修改、调整等。这与企业新产品开发活动的内容基本相同，只是在成员配置和关注的问题上有所差异。专题设计一般会限定设计对象或给出具体设计任务，并就设计方向和限制条件等做出说明。专题设计的方案需考虑功能、结构、技术、材料与工艺等产品设计必须关注的内容，并在产品预想图、外观模型和功能性原型等方面要求较严格。

1. 防护产品专题设计案例

图 6-15 是德国施瓦本格明德设计学院专题设计课程的作品展示。该课题以工作防护系列产品为设计的对象，首先通过研究特殊的工作条件，确定了头、胸、手掌、手臂、腿及脚掌为重点保护的位置。团队成员每人选定一个部位进行设计方案的构思，所有方案都需要满足实用功能，并为电脑模型建构以及人机界面分析打下基础。第二阶段为方案的深入阶段，对实际使用情况进行模拟，调整方案，确定尺寸、材料和颜色等。在原型制作的第三阶段，同学们需根据设计内容考虑不同的加工工艺和方法。其中，防护口罩的模型通过压模成型，完成基本形态。同学们还展示了

图 6-15　德国施瓦本格明德设计学院专题设计课程的作品展示

口罩的其他几种变化，呈现出了自己在方案制定过程中对细节形态的考虑。这些变化并不是随意产生的，而是经过对人体面部特征进行研究后确定的最佳解决方式。由此可见，虽然口罩的设计在整个防护体系的设计中占很小的比例，然而，其最终方案的产生却是一个充满理性思考的过程。此外，防护体系中的其他产品的模型制作也很精细，且都具备实用性。例如，防护长裤的设计是在现成的裤型上进行修改，除了考虑安全因素外，还注意了实际操作时的功能性。对产品设计而言，材料使用上的创新与产品功能和形式的创新同样重要，很多国际设计竞赛都设立了产品材料的创新奖项。因此，在设计课程中，设计者应具有材料创新的意识。图中防护手套的设计并不强调造型上的突破，而是将材料的创新与功能上的要求相结合。作者选择了名为"Sensi-Tech"的新材料这种广泛应用于各种球类和包装的材料具有良好的韧性和强度，与防护手套的要求相匹配。

专题设计课程的小组成员需具备协同合作以及独立完成设计任务的能力，在教授的定期指导下相互沟通，努力完成设计项目，但有时候仍然会存在问题。例如，胸部防护方案的设计者将产品定位于女性使用人群，因而借鉴了女性文胸的结构加以改进。但是，具有特殊用途的产品应从使用状态和环境因素考虑解决问题的方式。文胸的特点是贴身、舒适和塑形，而防护类产品的强度和安全性是第一位的，将两者联系在一起，虽然在形式上和语义上较为新颖，但功能适用性与合理性有待商榷。此外，作为一种系统设计，每个产品都是独立完整的设计，个体之间缺少联系，风格和识别性上没有形成统一的面貌，这是此类产品设计需要注意的方面。

2. 交通工具专题设计案例

当前设计院校的交通工具专题设计课程学时较短，通常为4—6周的时间，多数情况下不要求制作实体模型，只要求完成完整的渲染效果图及工程制图。这类专题设计注重设计过程的完整性，要求遵循相对严谨的设计程序，并运用相应的设计方法。此类专题设计一般对交通工具所涉及的复杂技术、结构和材料工艺等工程技术问题不做严格要求，而重在突出创新思路和设计概念的表达，力图在产品的语义、风格以及功能上有所创新。如图6-16为摩托车的仿生设计案例。设计者借鉴动物形体，并通过理性的形态演绎来获得车体的仿生造型，重在体现摩托赛车的速度感和爆发力。图中展示了摩托车设计的前期草图，作者熟练运用马克笔表现技法，对现有的仿生摩托车设计进行勾画，分析仿生形态的合理运用方式以及摩托车架的结构特征。围绕这些产品，设计者给出了方案的初步设想和一些细节刻画。同时，通

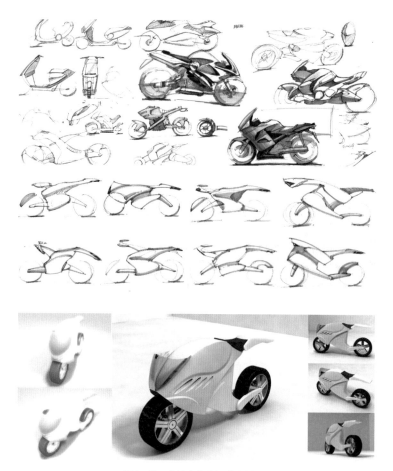

图 6-16　摩托车仿生设计案例

过对动物形体的研究，最终确定选取猎豹奔跑时的感觉作为仿生摩托车设计的灵感来源：爆发力、速度感和强健的肌肉，并以此为主要思路进入下一个阶段。作者参考摩托车的结构，围绕灵感关键词做了 8 款造型。这些方案是对同一形态的变化，在保持车架结构不变的前提下，通过对同一元素做不同的位置组合，产生感官上的微妙变化，然后挑选出最符合关键词要求的方案，深入完成。最后，通过计算机软件绘制摩托车预想效果图。

三、毕业设计课题

毕业设计是教学过程最后阶段的一种总结性的实践教学环节。在毕业设计中，学生可以综合应用所学的各种理论知识和技能，进行全面、系统的技术及基本能力的练习。

毕业设计是综合运用设计理论知识与专业技能的设计实践任务，是对设计专业学习的总结，也是转入实际设计领域的过渡环节。毕业设计的选题，一方面需要考虑产品设计的发展趋势和方向，通常要有前沿性、前瞻性和突破性；另一方面需要考虑设计传递出的理念、诉求和社会价值，要体现出正确的设计价值观。总的来看，毕业设计的过程是对设计者的创新思维能力与设计技能的一次综合的、系统的考验。

以下为江南大学设计学院本科毕业生的毕业设计作品——助步购物车的设计报告（节选），基本呈现了完整的设计过程。

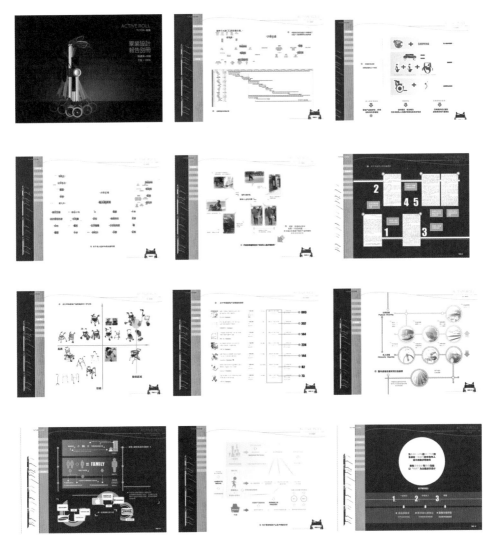

图6-17 助步购物车的设计报告（节选）(1)

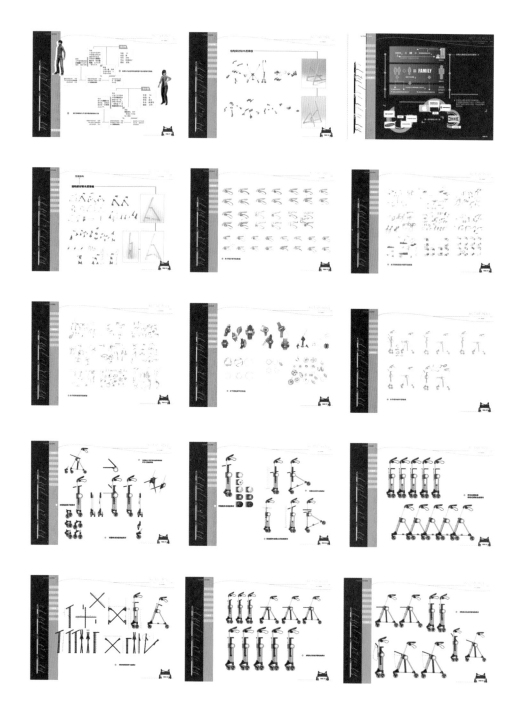

图 6-17 助步购物车的设计报告（节选）(2)

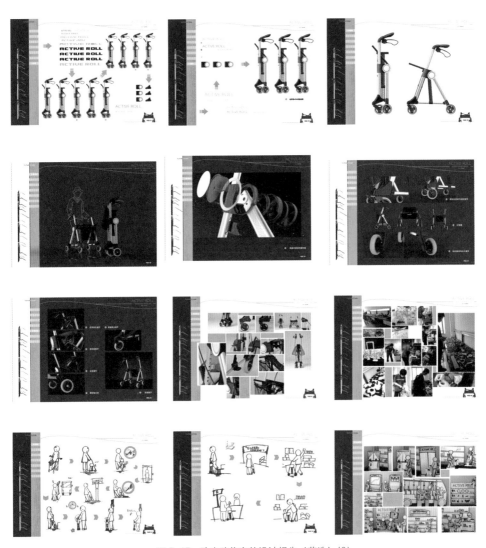

图 6-17　助步购物车的设计报告（节选）(3)

第三节　设计竞赛类课题解读

一、国内外优良设计评选与设计竞赛

世界各国早已意识到设计对经济发展和企业竞争力提升的巨大作用。英国前首相撒切尔夫人曾断言："设计是英国工业前途的根本。如果忘记优秀设计的重要性，

英国工业将永远不具备竞争力，永远占领不了市场。"日本政府在 20 世纪 50 年代后将工业设计现代化作为日本经济发展的基本国策和战略导向，制定了"科技立国，设计开路"的国策，大力发展工业设计。为了推动工业设计的发展，许多国家和地区都开展了优良设计的评选活动和鼓励创新的设计竞赛，以此来促进国际间的设计交流，并在一定程度上刺激了设计创新的热情。

当今国际上设计竞争力较强的国家和地区，无不设有政府或国家级的工业设计奖，如英国设计奖、日本的 G-Mark 设计奖、美国的 IDEA 奖、德国的 iF 奖与红点奖、意大利的金圆规设计奖、韩国的好设计奖、澳大利亚的国际设计奖，以及我国的红星奖，等等。其倾向的设计主题和评选标准因国家、地区、时代的不同而存在一定的差异性。德国和英国侧重于产品的功能性和实用性，强调功能的传达与生产的效率；美国注重产品的商业性和形式感，强调用户权益和营销以及设计的社会意义；意大利更加关注产品艺术性的表现；日本的评价标准则比较宽泛，通常对文化与科技感更为重视。仔细分析不难发现，这些评价标准合乎各国、各地区的产业特色与设计文化优势，且大都注重独创性、新颖性、实用性、美感及安全性。另外，设计与环境生态的关系以及人性化设计等内容逐渐成为近年的热点，并在评选标准与竞赛主题中得以体现。而各个设计奖项在进行具体的评价时通常围绕全产品的观念（实质产品、形式产品、延伸产品）展示。

近年来，由于经济和科技的迅速发展，国内企业对设计也愈发重视。由企业赞助或举办的设计竞赛越来越多，其所带来的实际价值和经济效益也引起了国内外设计界的广泛关注。优良设计的评选活动既提高了企业的产品品质，又增强了企业的知名度。同时，获奖情况也直接影响该产品的销售，如获得 iF 奖、红点奖和 G-Mark 设计奖的产品几乎相当于获得了设计的最高荣誉，能够为产品带来很好的卖点。

从举办的目的来看，当下的优良设计评选活动和设计竞赛主要包括以下几种类型：

① 面向企业产品（投产产品或上市产品）的优良设计评选。这类评选活动通常由各国、各地区的设计协会等组织运作，具有广泛的影响力与权威性。如德国的 iF 奖和红点奖、美国的 IDEA 奖、日本的 G-Mark 设计奖、韩国的好设计奖以及我国近年刚刚启动的红星奖等，基本上都是针对企业投产产品的设计评选活动。

② 以激励创新和促进交流为目的的（概念）设计竞赛。这类比赛通常有固定

的设计主题和目标，且会定期连续举办，但参赛产品的类型并不固定。其主题的设定一般与人的生活方式、社会发展以及科技进步等内容相关，如中国台湾地区的国际自行车设计大赛、光宝创新奖，大陆每年举办的中国家具设计大赛、中国工业设计大赛，以及日本的大阪国际设计竞赛等。

③ 有特定内容或主题的征集设计方案的设计竞赛。这类设计竞赛一般由企业、设计单位冠名并出资赞助举办，因此设计的主题和内容都比较明确，一般是以该企业的产品类型为主要设计对象。企业希望通过竞赛激发设计师的创意灵感，对产品加以改良。这种方式是国内设计竞赛的主要形式，如伊莱克斯设计实验室全球设计大赛和上海电气杯工业设计大赛等。

二、国际性设计竞赛

1. iF 奖——设计奥斯卡

iF 奖是 International Forum Design Award 的简称，由德国汉诺威工业设计论坛（iF Industry Design Forum）于 1954 年创立，每年评选一次。现在，该大赛已成为世界上最知名、声望最高的设计竞赛之一，被公认为工业设计领域的"奥斯卡"。由于 iF 设计大赛主要强调的是设计对于企业和厂商获得商业成功的重要性，所以，其主要面向较成熟和实用的设计。能获得 iF 奖的认证，意味着该产品具有杰出的设计。iF 奖已经成为产品行销全球的保证书，组委会每年会从获得认证的产品中再精选出金质奖约 25 名，银质奖约 50 名。

由于越来越受到企业及消费者的重视和信赖，iF 奖的设置也发生了一些变化。现在，iF 奖包括的设计竞赛主要有以下六类：iF 产品设计奖、iF 传播设计奖、iF 概念设计奖、iF 材料奖、iF 包装设计奖、iF 中国设计奖。六个类别的竞赛分别针对不同的内容进行产品设计评选，各自独立。iF 产品设计奖是角逐最为激烈的奖项，评选的项目类别有：消费性电子及通讯产品、计算机设备、办公室及商业设施、照明设施、家居用品、休闲及生活类产品、工业产品及建筑物、医疗器械、公共设施及室内设计、交通运输工具、研究先趋（正在开发、研制的未完成产品）等（图 6-18）。

iF 的产品设计奖、传播设计奖、中国设计奖的评选标准主要包括：设计品质、做工、材质的选择、创新程度、环保性、功能性、人体工学、操作方式可视化、安全性、品牌价值与品牌塑造。

iF 材料奖的评选标准主要包括：创新性、创意、精细度、发展潜力、可行性。

图 6-18 iF 奖获奖产品

iF 包装设计奖的评选主要考虑设计的创新及趋势、形式及功能、信息及沟通、使用及操作上的便利性、象征性及独立性、情感及印象、触觉及知觉上的质感、科技及运输等方面的内容。

此外，iF 概念设计竞赛包含所有的 iF 奖类别，但侧重于通用性的设计与具备可持续发展的设计，是面向学生开展的设计方案的评选活动。

2. 红点奖

红点奖（Red Dot Award）是全球三大工业设计奖项（红点奖、iF 奖、IDEA 奖）之一，也是备受业界关注和推崇的设计大赛。红点奖由 Haus Industrieform 基金会于 1955 年在德国埃森（Essen）创立，旨在"促进环境和人类和谐的设计"，至今已经演变为一个被行业、政界和社会认可的国际资格认定和传播中心。随着 Haus Industriform 在 1990 年更名为北莱茵河西华利亚设计中心，"红点"这一名称也正式启用，并逐渐发展为一个当今备受瞩目和认可的奖项。

红点奖设计竞赛主要由产品设计奖、传播设计奖和设计概念奖三部分组成。其中前两项主要是针对企业以及设计单位已投产或正在销售的产品进行的评选和资格认定，设计概念奖则是面向学生、设计师等专业设计人士，以及设计公司和设计服务、研究、促进机构等开展的概念创意竞赛。大赛将为获奖单位或个人颁发红点优秀奖、红点至尊奖以及红点之星奖等。红点奖评选的产品项目主要有：移动类产品、家用电器、娱乐器材、室内设计、办公设施、通信及互动设施、家居设施、生命科学产品、安全类产品、绿色设计类产品、时尚类产品、休闲类产品等（图 6-19）。

红点奖对产品类设计的评审标准主要包括：创新性、审美、具体实施的可能性、功能性和用途、生产加工的效率、人体工学及与人的互动性、情感因素。而对大众传播类设计的评审标准主要是：设计质量、传播有效程度、审美、可理解程度、传达的广度及功能性、象征性及情感内容、生态学、冲击和震撼程度。

3. IDEA 奖

美国 IDEA 奖的全称为 Industrial Design Excellence Awards，由美国工业设计师协会（IDSA）于 1979 年发起，《商业周刊》（*Business Week*）提供赞助。该奖项每年评选一次，向全世界所有学生和设计师开放，现已成为全球三大设计竞赛之一。IDEA 致力于让企业和公众更好地了解优秀的工业设计对生活质量和经济发展的重要性。获得 IDEA 认证意味着这项产品拥有绝佳的销售前景，得奖的企业或个人也会被认为具有优秀的设计实力和品牌信誉。

IDEA 奖的评选项目主要有：商业和工业产品类、电脑设备类、消费者产品类、设计探索类、设计策略类、

图 6-19　红点奖获奖产品

环境类、数字媒体和界面类、家具类、医药与科学器材类、包装和平面类、运输工具类等；此外，也针对学生设计作品设置了相关奖项（图 6-20）。

IDEA 奖的评奖标准主要包括以下几点：

① 设计的创新性，即是否具有新创意。

② 让使用者受益，即设计的性能、舒适性、安全性、易用性和通用性。

③ 让客户受益，即设计能否增加销售和市场渗透力，以及减少进入市场或完成制作的时间。

④ 经济循环利用材料，即设计是否有助于减少资源浪费、节能和循环再利用。

⑤ 适当的美感。

⑥ 具有明确的社会影响。

4. 日本 G-Mark 设计奖

日本 G-Mark 设计奖即日本优良设计奖（Good Design Award），设立于 1957 年，最初是由日本产业设计振兴会（Japan Industrial Design Promotion Organization，简称

图 6-20　IDEA 奖获奖产品

JIDPO）为优良设计产品所颁发的奖项。日本政府会授予获奖产品"G"标志（G-Mark）的使用资格。该奖项旨在鼓励制造商不断创新设计，为广大消费者提供最优秀的消费品。现在，G-Mark 逐渐发展为国际性的工业设计奖项。获得 G-Mark 设计奖意味着产品在设计、工艺、使用性等方面均可满足消费者的需求并引导全球消费潮流，其艺术价值和市场价值均达到了很高的水平。

日本 G-Mark 设计奖的评选项目主要有：产品设计、建筑与环境设计、传播设计、新领域设计等（图 6-21）。其评奖标准主要涉及以下三个方面：

① 是否具有好的设计元素？

好的设计元素包括：美的表现、对安全的关怀、实用性、对使用环境的关怀、独创性、满足使用者的需求、优越的功能或性能、价格和价值平衡、容易使用、具有魅力。

② 是优越的设计吗？

设计的优越性体现在四个方面。设计方面体现为：优越的设计概念、优越的设计处理方式、新颖的造型表现、优越的综合完成度。使用者方面体现为：高水平

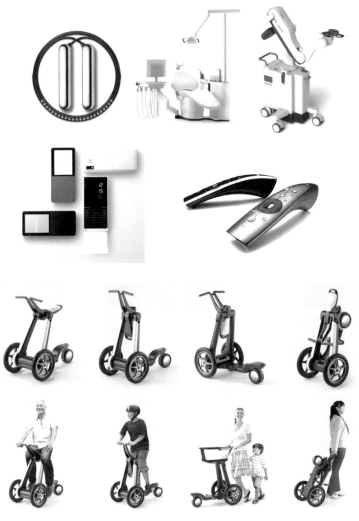

图 6-21 日本 G-Mark 设计奖获奖产品

地解决使用者的困扰、实践中应用通用设计原则、亲近性的设计实践、新技术的使用、易操作的多功能设置。工业方面体现为：新技术和新材料的巧妙利用、运用系统创新方法解决问题、运用新的生产方式、运用新的营销方法、发展地域性工业的主导性。社会方面体现为：新的传播方式、具有较长的使用寿命、生态设计原则的应用、增强和谐性。

③ 是否具有未来设计的观点？

未来设计的观点同样涉及四个方面。设计方面体现为：时代前瞻性的表现、引领下一代的全球性标准、日本特色的时尚造型。使用者方面体现为：激励使用者的创造力、创造下一代的新生活模式。工业方面体现为：开发新技术并引导技术的人性化、有益于新产业和新商业的发展。社会方面体现为：社会与文化方面的未来价值、有益于社会价值的扩展、有益于可持续性社会的实现。

5. 博朗国际工业设计大赛

博朗国际工业设计大赛由德国著名的博朗电器公司于 1967 年设立，每两年举办一次。该项赛事是德国第一个促进青年设计师事业发展的国际赛事，得到了整个设计界的高度重视。博朗国际工业设计大赛的参赛者以在读的学生或工作不满两年的年轻工业设计师为主，参赛作品与博朗公司的产品类型无关，只要求选手们发挥创造力，充分体现出设计和技术的创新性、革新性和实用性，设计出满足人们日常生活需要的产品。博朗公司试图通过赞助这项赛事来促进青年设计师的设计工作，激发他们在消费类产品设计上的创意，并以此来改善人们日常生活的方方面面。博朗国际工业设计大赛把青年设计师的创造力展示给公众，并把这种创造力和工业以及潜在的消费者紧密联系在一起。

博朗工业设计大赛没有严格地规定评选内容，设计者可以为他们的产品概念自由选择主题，并不局限于博朗公司的产品线或者生活消费品类。只要是能满足用户需求并能真正帮助用户改善日常生活的优秀创意都可以被大赛接受，包括对现有产品的成功改造（图 6-22）。

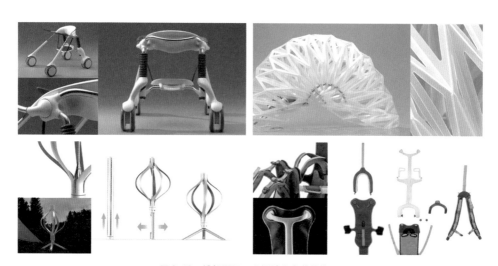

图 6-22 博朗国际工业设计大赛获奖作品

博朗国际工业设计大赛的评审标准主要有如下几点：

① 设计：产品的任何设计环节都会被仔细审核。

② 技术：产品功能的合理发挥。

③ 贡献：产品会给用户带来怎样的方便和好处。

总的来说，参赛的设计作品既要注重概念的创新，又要注重产品的实现。同时，还有如下一些要素也值得重视：

① 产品的内涵表述。

② 展示和设计模型的质量。

③ 产品构想的完整分析。

④ 概念在生产和成本方面的可行性。

⑤ 产品构思的社会认同。

⑥ 产品的环境适应性。

6. 光宝创新奖

光宝创新奖是由企业主办的国际性设计竞赛。光宝科技是中国台湾前三大 ODM（Original Design Manufacturer，原始设计制造商）公司。为了以工业造型设计推动产品创新并提升企业的创意竞争力，光宝科技于1990年创办了以工业设计为主轴的光宝创新奖设计竞赛。光宝创新奖设立的目的，一方面是激发光宝企业自身的产品设计创意，另一方面也为参赛者提供了一个挥洒创意的舞台，以帮助工业设计界培养优秀人才，提升专业水准。现在，光宝创新奖已受到国际工业设计界的高度肯定，并成为同类竞赛中规模较大、影响力较广的一个赛事（图6-23）。

光宝创新奖的评选标准主要有以

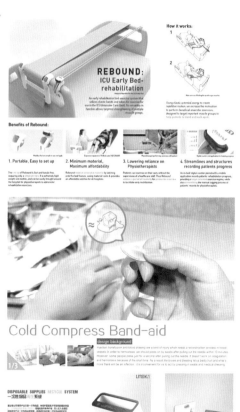

图6-23 光宝创新奖获奖作品

下几点：

① 设计表现：竞赛主题表现、美学、人因工程、人机界面、设计说明。

② 创意：原创性、市场性。

③ 技术可行性：未来 3 年内可实现与量产的技术。

除了以上设计竞赛之外，还有众多专题性的国际设计大赛，也被设计界广泛关注，如中国台湾的全球自行车设计比赛、日本的名古屋国际设计大赛、意大利的罗马奖、亚洲最具影响力设计将、戴森设计大奖等。我国的设计竞赛以专题竞赛为主，比赛内容与评选项目往往比较具体，通常会明确限定产品的类型。近年颇具影响力的设计竞赛有东莞杯国际工业设计大赛、紫金奖文化创意设计大赛、市长杯创意中国（杭州）工业设计大赛、"为坐而设计"大奖赛等。

三、设计竞赛类课题应对策略

国内外的众多设计竞赛为设计院校师生以及设计从业者提供了良好的训练平台，各种奖励措施的设置也在客观上刺激着设计师的创作热情。现在，国内外众多设计院校往往也将竞赛内容纳入课程的设置，作为训练的课题，其意图是培养学生在指定题目和要求的条件下完成设计任务的能力。竞赛类课题的内容涉及市场发展趋势、新技术、新工艺等方面，其重点在于锻炼学生应用设计方法、形成设计创意，进而解决实际问题，实现具体约束条件下的产品创新与再设计，最终达成课程教学的目标。这类课题通常会结合课程内容与竞赛主题来确定，其设置的具体策略主要有以下四点：

1. "把脉"主题——确定创意方向

每个设计竞赛都会设定相应的设计内容或主题方向，这就为课题的展开定下了基调。在设计开始之初，首先要做的是对竞赛的主题进行"把脉"——明确设计竞赛所关注的话题、方向和理念，并在此基础上确定创意设计的切入点和展开方向。竞赛主题一般有三种形式：一是以具体的产品设计项目为主题，如椅子设计、眼镜设计、汽车设计等；二是以某种理念或设计趋势为主题，如伊莱克斯设计大赛是以"未来家居方式"为主题、英特尔杯2007设计创新大赛的主题是"数字技术·工作方式·生活艺术"；三是以抽象性的、概念性的词汇为主题，如光宝创新奖 2012 年的主题为"简科技"、2013 年的主题为"微设计，简单"、2014 年的主题为"设计·蜕变"、2015 年的主题词为"创新"，东莞杯国际工业设计大赛 2015 年的主题为"制造之美源于设计"。在设计展开前，首先要对竞赛主题所蕴含的深层涵义进行研究和分析，对设计的范围进行延伸、扩展，并从中剥离和发掘有效、有利的信息，进而确定具体的设计构思方向。

2."关注"生活——解决实际问题

几乎所有的设计竞赛都重视设计作品的创意和创新性，不只是针对技术、工艺和材料的创新，更是对人的生活方式、生活状态以及生活行为的创新。从众多设计竞赛的获奖作品中，我们可以发现，合理、巧妙以及别出心裁地解决生活中的问题的作品一般会受到普遍的认同，这是因为它们做到了"熟悉之中有陌生"。这也反映出现代设计以人为本的理念。产品设计不等于对产品或机械的技术更新、科学创造，更重要的是为人解决问题，让人的生活更美好。因此，设计竞赛是有着明确的针对性和规则性的，设计课题同样如此。只有在限定的条件下解决实际问题，才能突出设计的真正意图。可以说，好的设计一定是为人服务的（图6-24）。

3.突出"个性"——强化构思理念

针对竞赛展开的设计课题，必须打破常规思维，体现出"个性"，才能不落窠臼，从众多设计作品中脱颖而出。而要突出"个性"，最主要的一点就是在设计中体现出"新"——新的理念、新的构思、新的语义以及新的形式；此外，还需要做到"巧"——理念之巧、构思之巧、语义之巧以及形式之巧。"新"与"巧"是体现设计创意的最重要的两个因素，如何谋新工巧也就成了设计过程中的关键内容。如针对"为

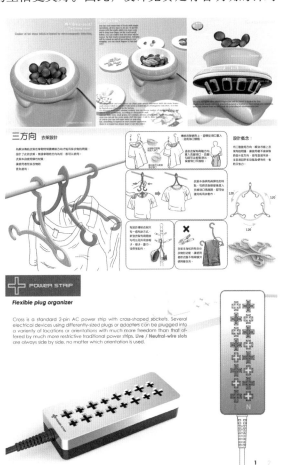

图6-24 解决生活问题的设计作品

图 6-25 强调个性化创意理念的设计作品

坐而设计"的家具设计大奖赛的竞赛内容，在设计过程中就应当创"新"解决怎样坐、坐什么、在哪坐、为何坐、何时坐、谁来坐等问题，不能受对座椅、沙发等具体之物的固有印象的影响和限制。设计过程中要将部件结构、传统文化元素、艺术形式、技术和材料等内容巧妙结合，从而设计出既"新"且"巧"的作品（图 6-25）。

4. 合理"诠释"——直观的形式表现

竞赛类课题的作品最终是要接受评委会的审核和评选的，因此，如何对设计作品进行诠释，并以直观的形式表达设计理念就成为影响评选结果的重要因素，也就是说，竞赛类课题作品的最终展示效果有时会直接影响评审结果。设计作品的展示，不能只呈现最终的效果图或模型，更重要的是将设计理念、解决问题的方法以简洁、直观的方式呈现给评委，以获得评委的理解和认同。通常，作品展示的方式有：

① 漫画故事法，即通过漫画、连环画的形式对设计内容加以阐释、演绎，以获得评委的共鸣。

② 功能拆解法，就是将产品的具体功能拆分，分别进行展示，以加强评委对产品的整体认识。

③ 语义联想法，即将创意来源和设计切入点形象化，以帮助理解最终作品的原创语义。

④ 细节表现法，就是对设计的重点细节加以突出表现。如图 6-26 展示了国际设计竞赛获奖作品的几种表现形式。

四、设计竞赛类课题的设计程序与方法

由于针对性、时限及最终目标的不同，设计竞赛课题与企业实际设计项目的设计方法及流程也存在着一定的差别。首先，设计竞赛课题通常具有明确的主题性，往往是针对特殊材料、特殊理念和特别内容设置的。其次，设计竞赛通常有明

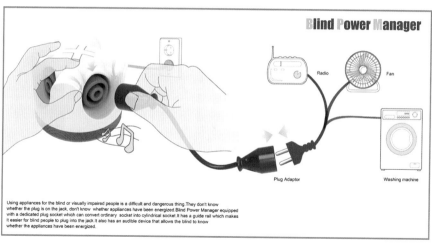

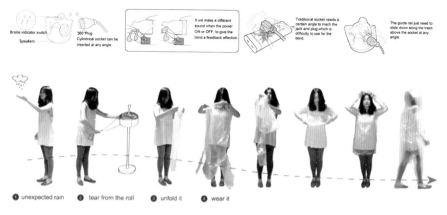

图 6-26 国际设计竞赛获奖作品的表现形式

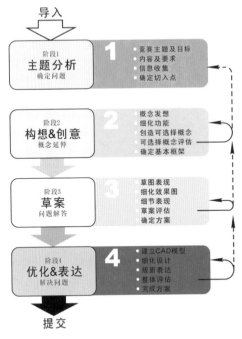

图6-27 设计竞赛课题设计流程图

确的时间限定（一般为3—6个月）和提交方式的要求。另外，设计竞赛课题注重作品的创新和创意，偏向于概念的表现（针对企业的优良设计评选除外）。因此，设计竞赛课题的设计流程和方法比实际设计课题更简洁直接，而且每个阶段的评价标准和原则也较明确，一般以竞赛的要求和目标为基本参照。

设计竞赛类课题的设计程序（图6-27）主要包括以下四点：

1. 主题分析

具有主题性是设计竞赛的主要特征之一。是否符合主题通常被作为竞赛课题作品评价标准的首要内容。

参与设计竞赛，首先要做的就是主题分析，其目的在于确定问题解决的出发点和切入点。创意无处不在，但并不是每一个创意都符合竞赛的主题。应该说，设计竞赛本身就是在限定条件下解决问题，而竞赛的主题即是给出的限定范围。一般来讲，对主题的分析主要包括以下内容：

① 主题的意涵，即所涵盖的领域、坚持的设计理念和原则、主要的设计方向等。

② 目标及内容，即所期望达到的目标、相关领域的发展趋势、能够参与的具体内容等。

③ 历届竞赛主题的连续性，即历届主题分析、历届获奖作品对比、趋势及方向分析等。

④ 针对主题的评价内容，即评价标准、评价重点及评价人员的构成等。

对竞赛主题的分析可以采取坐标分析的方法展开，使主题概念的表达更加直观，坐标分析通常从复杂程度与可行性、独特性与主导方向、创新程度和时尚程度等方面展开。此外，对历届获奖作品的分析是较为关键的内容，有助于更直接地把握竞赛的目标、方向以及评价内容等。一般对历届获奖作品的分析主要从创意性、文化性、实用性、造型特征、功能与最新科技的关系、合理性等角度切入，并分析这些获奖产品的优点

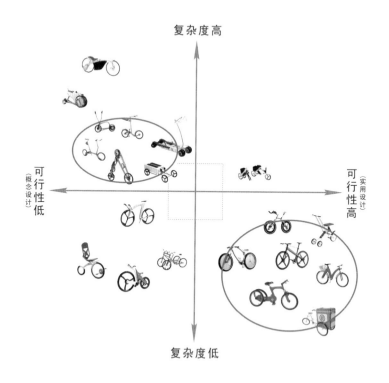

图 6-28　2004 年全球自行车设计比赛的作品分析

与不足之处。通常，至少选取由首奖开始的 10 个代表性产品进行分析，并尽量让产品属性近似（如均为数码产品或均为交通工具等）。例如，图 6-28 是 2004 年全球自行车设计比赛的作品分析，从中可以看出该届竞赛对产品的可实现性较为重视。

　　通过对竞赛主题的分析，可以确定展开设计的切入点。切入点是指设计的主攻方向，或者说是进行构想和创意的主要思路，如从文化性着手、从技术或结构入手、从使用行为入手、从功能或造型入手，等等。主题分析完成后，应将第一阶段的信息资料及研究内容整理成文字说明或数据形式的文件，作为下面几个阶段的设计纲要。

　　2. 构想与创意

　　构想，从概念的角度讲，是以产品语言、用户需求为导向，以技术、实用功能为基础发展出的基本设计方案。在产品设计的构思阶段，设计者应以产品语言、用户需求为导向，以技术、实用功能为基础，这二者是平行发展的，并且逻辑化地组合在一起。简单地讲，构想阶段应围绕主题尽可能多地构思具有可能性的方案。

在此阶段，构思与发想应是多维的、多层的与多面的，尽量避免被一些常规的原则所限制，如可行性、可实现性等。构想阶段应当允许非常规的、不平凡的奇思妙想或异想天开式的构思，只有这样，才有可能寻找到创新的方案，设计竞赛类的课题更是如此。所以说，构想是一个思维发散的过程，其中心点是竞赛的主题（或第一阶段确定的切入点），而发散的方向主要包括以下几方面（图6-29）：

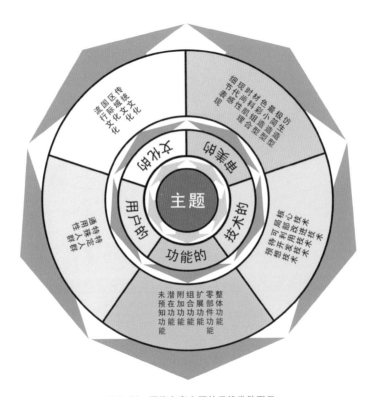

图6-29　围绕竞赛主题的思维发散图示

① 功能方向，包括整体功能、零部件功能、扩展功能、组合功能、附加功能以及潜在功能、未预知功能等。

② 技术方向，包括核心技术、局部改进技术、可利用技术、待开发技术及预想技术等。

③审美方向，包括仿生造型、极简造型、最小造型、色彩组合、材料肌理、时尚性与现代感、细节表现等。

④ 文化方向，包括传统文化、区域文化、国际化、流行文化等。

⑤ 用户方向，包括特定人群、特殊人群、通用性等。

经过概念发散通常会形成多个比较清晰的创意点和方案构思，接着要做的就是分别对这些方案进行评价和甄选，并进一步深入分析选出的方案。分析的内容通常包括产品的功能、结构、材料、色彩、细部表现及人机工学等。基于以上的概念发想和细化，可以确定概念性的方案，其评价原则是与竞赛主题的吻合程度以及是否具有突出的创新性。然后，可以根据评价结果，考虑是进入下一阶段的内容还是返回上一阶段重新定位及分析。构想与创意阶段完成时要确定基本的方案延伸框架：

① 所要传达的概念或理念

② 需要满足的功能

③ 可应用的技术

④ 涉及的结构问题

⑤ 色彩偏好

⑥ 针对的用户群、应用环境

⑦ 相关的文化内容和特征元素等

3. 设计草案

草案阶段是整个设计过程中最关键的环节。分析阶段主要依靠逻辑思维，概念阶段在逻辑性中加入了知觉性，而草案阶段的关键点在于创新。此阶段，产品只限于非常粗略的概念和理论上的结构，并不需要准确、完善的方案，只需以实用和创新为底线的草案。

通过前两个阶段的分析，已基本可以明确设计展开的方向和所应用的内容。在草案阶段之初，我们可以尽可能"不受约束"（实际已经受到分析内容的限定和约束）地进行草图绘制和方案设计（图6-30）。尤其是有特定主题的设计竞赛，更加看中"突发奇想式"的灵感和"意想不到"的创意，因此，按照常规的设计方法一般难以获得最佳的结果。通常，适合设计竞赛课题的草案创意方法主要有以下几种：

① 联想法

联想法所坚持的原则是"一切皆可关联"，即任何两个事物之间都存在着一定的转化或演化关系。联想法是最适合体现创新和个性化的创意方式。常用的联想类型有：相似联想、接近联想、对比联想和强制联想。同时，在联想的过程中，

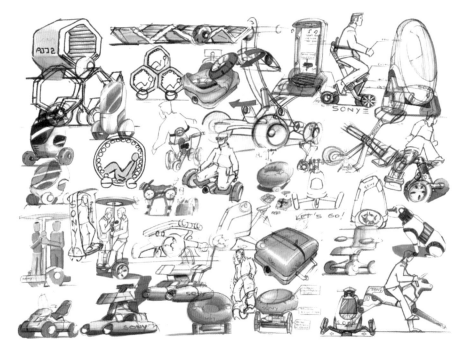

图 6-30　自行车的初始设计草图

一般可以通过对目标对象进行扩大、缩小、伸缩、借用、结合、综摄、类比及对照等变化,构成新的产品形式。例如,由各种自然形态联想形成的仿生形态(图6-31),通过缩小产品尺度获得微型化新产品,等等,如图6-32为台湾体验设计竞赛的获奖作品——可携式打印装置。

② 问题法

问题法是指针对目标产品存在的不足和缺陷而展开设计创意的方法。这种方

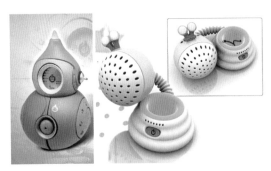

图 6-31　自然形态的仿生设计作品

图 6-32　可携式打印装置

法能够快速寻找并发现创意的切入点，尤其是对于指定设计内容的竞赛，如全球自行车设计比赛以及各个家具设计竞赛等。问题法的使用一般有两种形式：其一是直接从现有产品的使用、操作、造型、技术和人机关系等方面寻找问题；其二是针对目标产品进行设问，问题设置可采用常用的 5W2H，即 what（何事）、who（何人）、why（何故）、where（何地）、when（何时）、how（如何）、how much（几何）（表 6–1）。

what	何事	· 功能是什么 · 目的是什么 · 重点是什么 · 与什么有关系 · 条件是什么 ……
who	何人	· 为谁设计 · 谁来评价 · 谁喜欢 · 谁购买 · 谁有需求 ……
why	何故	· 为什么要设计 · 为什么这样设计 · 为什么简化 · 为什么组合 · 为什么合理 ……
when	何时	· 何时使用 · 为何时而设计 · 何时最好 · 何时最差 · 何时施控 ……
where	何地	· 何地使用 · 为何地而设计 · 何地适宜 · 何地不适 · 何地需要 ……
how	如何	· 如何设计 · 如何最好 · 如何改进 · 如何与主题关联 · 如何出奇制胜 ……
how much	几何	· 多少数量适合 · 多少成本 · 多少时间 · 多少优点 · 多少功能 ……

表 6–1 设问法应用

③ 概念法

概念法是指在主题限定范围内预先确定一个或几个延伸概念，并在对概念的延伸中进行创意设计的方法。此类方法适合概念性设计竞赛，其预先选定的概念通常具有突出的文化特色、时尚色彩、巧妙的语义、趣味性的联想等，目的是通过概念的传达让产品的个性更加突出。如众多设计竞赛中出现的以"太极""简""空""乐"等概念衍生的作品，基本上都是针对预定的概念进行的创意构思。

创意方案基本确定后，接下来就要将概念草图进行深入刻画，力求表现出功能的合理性、结构的可行性和色彩的适当性等。这一环节需要注意的是，针对竞赛的设计方案通常与实际市场上的同类产品有明显的差异，往往更加新颖，最大限度地突出创新性和冲击力。因此，在对产品进行细化设计的过程中要尽量表现产品的个性和特征，如采用明快的色彩或强反差的色彩搭配、强对比的材料和部件、新颖的造型、巧妙的结构等（图 6-33）。

草案设计的最后环节是要用设计纲要和主题要求来评估设计方案。如果有可能的话，可以展开集体讨论或团队分析并做出选择。如果没有一个方案符合要求，则首先应检查一下创意过程中是否存在与主题不符的问题，如果有，及时调整与更改。如果问题出在创意方向上，那就要回到概念创意阶段重新来做。

4. 优化与表达

在概念构思和设计草案阶段，设计者通常采用手绘草图的表现方式（线描草图和效果图），而设计竞赛要求的最终作品的提交形式一般以电脑制图为主（部分竞赛要求提交实物模型，如光宝创新奖、全球自行车设计比赛及各种优良设计评选活动，如红点奖、iF 奖、IDEA 奖等）。因此，针对设计竞赛的设计课题，最终也需要绘制产品的透视图、尺寸图、分解图、操作方式示意图、结构图以及制作 CAD 模型等。产品设计制图常用的二维、三维电脑软件有 Photoshop、CorelDRAW、Rhino、3D MAX、Pro\E、UG 等。制作三维模型，通常需要有确定的数据、明确的结构和零部件的组合关系，这样才能使最终的表现效果与预想的效果一致。因此，首先要对备选草案进行细部分析与设计，确定各个部分的相互关系及可实现的组合方式，并在实际的制图过程中及时做出调整。三维模型的建立在一定程度上可以检验产品的结构合理性和功能可实现性。除此以外，作品要参加评选，还需注意产品的展示效果和展示内容，这对于能否获得评委的认知和认同是极为重要的。产品的展示效果和展示内容应注意以下几点：

① 选择适于产品展示的最佳视角绘制主效果图，并使其占据版面的主体位置

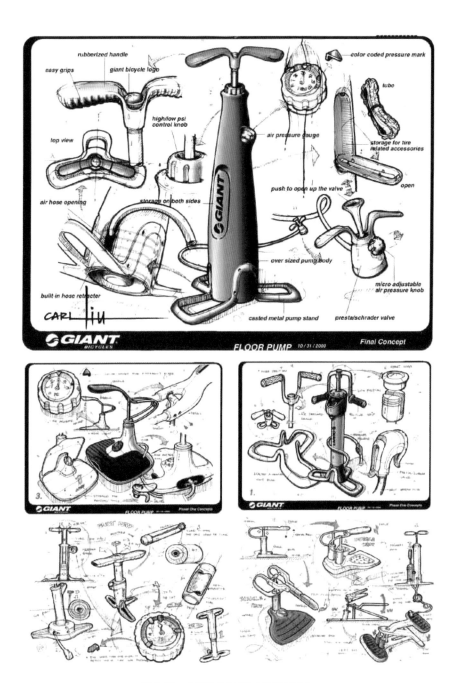

图 6-33 特征突出的设计方案表现形式

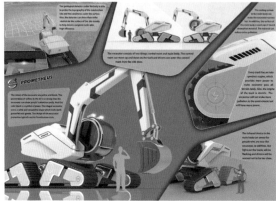

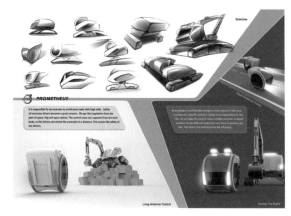

图 6-34 中国汽车设计大赛获奖作品版面

或视觉的中心位置（图 6-34）。

② 选择适当的手段展示产品的结构或组合方式，通常可采用爆炸图、分解图或者局部渲染、细节放大的形式（图 6-35 左）。

③ 尽量采取图示模拟的方法表现产品的使用过程或使用方式，一般可采用草图或漫画故事板等形式（图 6-35 右）。

④ 通过添加适量的手绘草图及其借用的相关概念和元素，直观地表达设计创意的过程（图 6-36）。

⑤ 确定适合最终方案的名称，并以简练、精准的文字来描述设计（设计说明）。

⑥ 调整整体的版面效果，包括主次关系、色调组合、视觉流程等内容（图 6-37）。

经过对整体方案进行优化与表达，设计工作基本完成，但仍需再次进行整体的评价与筛选，以确定该方案确实与竞赛的主题和目标相符。

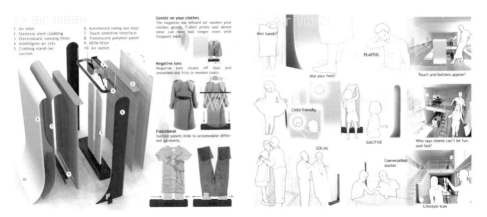

图 6-35　伊莱克斯设计大赛金奖作品

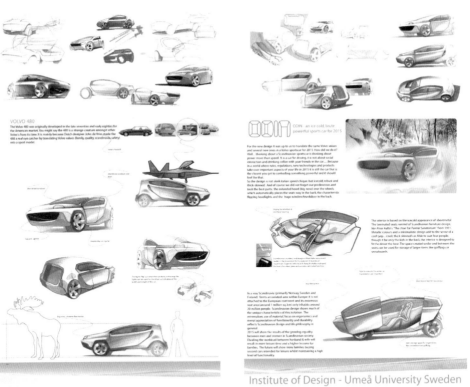

图 6-36　汽车设计竞赛获奖作品一

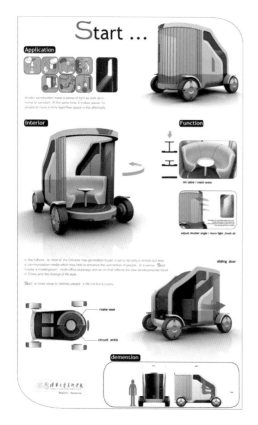

图6-37　汽车设计竞赛获奖作品二

第七章 | Chapter 7

设计，从问题到实现

　　德布林咨询公司的研究显示，全球企业创新项目中成功的不足 4%。可见，创新是企业所必需的，但并不容易。现代企业的产品创新与设计开发活动已不同以往，仅凭设计师或工程师的经验和直觉是难以完成的。市场竞争的加剧使产品研发周期和生命周期大幅缩短，要在短时间内设计出优越的新产品，必须具有科学合理的创新战略和产品开发计划，整合企业内部资源及行业优势，集合各领域专业人才进行协同创新。可以说，系统性、组织性和科学性是现代企业产品创新的必要条件。企业的产品创新设计不仅要考虑用户需求，还要考虑企业生存、市场竞争等因素。因此，企业的产品设计项目是依据自身的发展战略规划、工程技术优势、生产条件和销售管理情况等诸多制约因素来制定的，创新路径与设计方向也受到企业营销理念、竞争对手状况以及市场变化、技术趋势等的影响。

第一节　企业产品设计开发策略

一、企业产品设计开发的内容

　　面对日益激烈的市场竞争，企业的产品设计开发必须有针对性地展开，或针对市场，或针对技术，或二者并行（图7-1）。在确定产品设计开发项目时，企业必须制定科学合理的产品计划，并采用适当的策略来应对市场状况和消费者需求的变化。从企业发展的角度来看，企业产品设计开发的目的除了满足人们的需求之外，更主要的是为了企业的成长和发展，为了应对市场的变化和激烈的竞争等，简单地说就是为了盈利。因此，企业在制定产品设计开发课题时，通常将市场前景作为评判的前提，而产品设计开发的内容也必须与市场需求相一致。从市场的角度来看，企业进行产品设计开发的形式通常可以分为以下三类：

1. 开拓新市场——全新的产品设计开发

开拓新市场是指定位于全新的市场，开发前所未有的产品，如根据新技术、新发明开发的产品，具有意外性、新奇性的产品，与企业以往的系列产品不同的产品，与其他企业共同协作的产品等（图 7-2）。

2. 拓展市场——产品新用途开发

拓展市场是指在原有市场的基础上，扩大产品的应用范围和领域，如将工业用产品家用化或用于医疗等。将不同产品进行功能组合，也可以扩大产品的用途。如智能手环类产品除了基本的运动监测、睡眠及心率监测等功能，逐渐向更为专业的健康监护、健康数据记录与分析等方向拓展（图 7-3）。

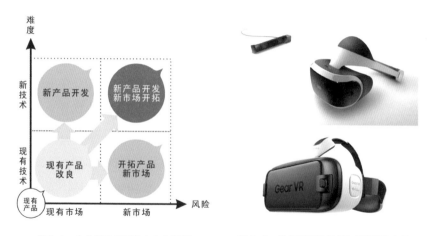

图 7-1 企业新产品开发方向分析图　　　图 7-2 索尼和三星的 VR 虚拟现实产品

图 7-3 不同品牌的智能手环产品

3. 细分市场——现有产品的改良设计

细分市场是指对市场和技术都趋于成熟的产品进行品质、性能、样式等方面的改良，以差别化与多样化的产品来满足不同人群的需求，从而使原有市场细分。这是一条投资少、见效快、风险小的企业发展路径，对中小企业或科技实力较弱的企业而言，更是如此。但从国家的长期发展战略和行业的总体发展来看，一味依赖产品改良是不利于企业的长远发展和实力提升的，甚至会对企业的生存构成极大威胁。

回顾产品发展的历史，我们可以看出企业的产品创新设计主要有两种形式：一种是颠覆式的创新设计，这通常体现为技术革新导致新产品形式的出现，如戴森的无扇叶风扇，谷歌的眼镜及无人驾驶汽车，微软的 X-box 体感游戏机等。每一次的科技发展和新技术的成熟应用都会引发企业的新产品开发热潮，并极大地改变产品的形式和品类。另一种企业产品创新设计形式是具有逐步革新意味的渐进式创新设计，它一般体现在产品性能的升级与外形的改款、材料与工艺技术的改善、零部件的改良、组装技术的运用以及消费市场的细分等。相比之下，颠覆式设计重视以科学的审慎态度面对问题，需要有前瞻性思维且采用突破性方式来解决问题；而渐进式设计注重产品局部设计问题的解决，受到的设计限制较多，往往采用类比式的创新法则，需要企业在对消费者的行为习惯进行充分调研的基础上做出有针对性的改进。

二、企业产品设计创新模式

在现代企业的产品创新过程中，设计的重要性日趋凸显。任何新产品的产生都必然经过设计的过程，无论是精心管理的，还是无意识地自发形成的。设计逐渐成为企业的核心竞争力，许多国家和地区也将其视为国家竞争力的重要组成部分。传统创新理论一般包括技术驱动型和市场驱动型两种，但随着设计逐渐渗入到技术与市场环节，乃至整个产品的生命周期，设计驱动型创新模式开始得到关注，成为"第三种创新"（图 7-4）。2003 年，意大利米兰理工大学设计学院教授罗伯托·维甘提（Roberto Verganti）提出设计驱动型创新理论，并指出设计实际上是产品内在意义的创新。

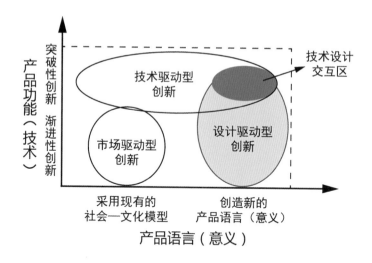

图 7-4　三种创新模式比较图

1. 市场驱动型创新模式

市场驱动型创新以"需求中心论"为导向，产品创新的关键是用户的需求分析。企业根据分析结果寻找技术突破，从而生产出满足用户需求的新产品，或对已有产品进行更新，以适应发展趋势。以用户为导向的设计或消费者主导型设计是市场驱动型创新模式的一种，它的目标不是质疑或重新定义主流产品的内在意义，而是更好地理解与诠释它。消费者主导型设计比传统的市场驱动创新更为有效，它能够极大地巩固现有的主流社会文化制度，因此应归为渐进式创新模式中的一种。

2. 技术驱动型创新模式

技术驱动型创新来源于"技术推进论"，产品创新依赖企业所具备的特定技术。企业将技术的实用价值和科技含量转化为创新产品的商业价值，推动市场变化。技术驱动型创新战略认为：企业不能一味地迎合当前市场的消费者需求，很多情况下，消费者是缺乏远见的，对未来需要什么和想要什么是比较模糊的。即使用户认识到了未来需求的趋势，但市场需求由趋势到现实也是一个极其缓慢的过程。在这种情况下，企业必须发挥主观能动性，利用新技术进行产品创新，并在此基础上对市场需求进行积极引导。正如秉承技术驱动型创新战略的日本索尼公司的创始人盛田昭夫所说："我们不应只是满足市场，而应是积极创造市场。"技术驱动型创新主要集中于产品研发方面，且已经成为众多企业的研究焦点。它往往能带来技术领域的革新，对行业产生巨大影响，企业也能因此获得长期的竞争优势。技术驱动型创新模式被认为是激进的、革新的、不连续的、能力超凡的、新周期或新轨道的创新模式。

3. 设计驱动型创新模式

设计驱动型创新被定义为对产品内在意义的颠覆式创新。这种创新模式由企业提出的全新理念来推动，企业通过对产品内在意义及产品语义的突破性创新，向消费者传达全新的理念和愿景。这种理念或愿景很可能是消费者一直期望出现而没有出现的，并最终为消费者接受与喜爱。相较于市场驱动型创新模式，设计驱动型创新往往是一种突破性创新，其创新主体不是消费者，而是设计师。设计的使命不仅仅是迎合消费者的需求，还必须激发和引导消费者的购买意向，从而推动市场本身的演化，完善市场机制。由此来看，设计驱动型创新与技术驱动型创新更为相像，且存在交集。在由设计驱动的创新模式下，产品内在意义的创新在整个新产品开发过程中起主导作用，带动技术创新和市场创新，从而完成新产品开发。简单来说，设计驱动型创新强调通过设计思维为新技术寻找新的产品意义。可见，设计是一种创新整合过程，其整合对象包括技术、市场需求、产品内在意义三个方面。

三、企业产品设计开发策略

企业进行产品设计开发项目时，采用的策略主要包括以下三个层面。

1. 战略性的策略

什么是战略？战略就是为了达到战争的目的而对战斗的运用，其任务是制定战争计划，根据战争目标制定各个战局、战斗的方案，德国军事理论家克劳塞维茨（Clausewitz）如是说。

企业产品设计开发的战略性策略是指站在企业整体利益和品牌形象的层面来制定系统性的产品设计开发计划，企业内所有产品门类、产品项目及产品系列的研发应相互协调、彼此相顾。针对产品生命周期的不同阶段，产品设计开发项目的内容也应适当调整。战略性策略主要包括产品设计管理策略、产品层级策略、品牌竞争策略、产品研发策略、产品评价策略等。

2. 战术性的策略

战术是指战时运用军队达到战略目标的手段，即作战的具体部署和克敌制胜的谋略。企业产品设计开发的战术性策略是指企业应对具体的市场竞争时采取的应对措施和方法，如为了降低成本、提高效率而进行的产品革新；为了提高产品质量、设备技术性能等进行的技术开发；为了满足不同客户群的需求而对目标产品进行的花色、型号、性能等方面的设计改良等。战术性策略主要包括产品差别化策略、价格策略、产品营销策略等。

3.战备性的策略

战备就是为战争所做的准备，即战前的准备工作。对企业的产品设计开发而言，战备性的策略也就是为了企业长期的、稳定的发展而进行的基础性的研发计划。研发内容通常包括：

① 对作为当下新课题的科学技术的研究（针对本企业产品生产的相关内容的研究）。

② 对将来具有重要价值的科学技术的超前研究（相关行业或领域内的技术研究）。

③ 为了发明或创造新产品而进行的研究。

战备性策略主要包括产品概念设计策略、技术储备策略、市场前景评估策略等。

第二节　企业产品开发计划

一、企业新产品开发的组织形式

组织是构成现代人类社会的基本单位。现代意义上的组织是指按照一定的目的、任务和系统加以结合的结构，也指结合而成的集体。

任何组织、部门都不是仅作为一种组织形式而存在的，而是为了实现某一特定的需要而存在，为了满足社会、地区、个人等的特定需要而存在，并具有满足这种需要的各种固有的职能。例如，政府机关、学校、医院等的存在有其各自的目的，同时，它们具有达到其目的的固有职能。企业也是一种组织，其目的是完成其经济性的职能，即是创造顾客。为了达到这一目的，企业需要进行革新和经营活动，而组织管理对这些活动的顺利开展显得尤为重要。

从国内外产品开发与设计的情况来看，承担新产品开发设计的组织主要有部属设计院、科学院所属研究所、地方所属研究设计部门、大专院校所属设计研究机构等。一些大型企业或专业公司会设置自己的设计研究部门，如研发中心、设计部等，而中小企业中也多设有设计科或设计室。此外，企业在进行具体的新产品开发项目的过程中，也会采用适当的形式组织专业人员构成设计开发团队。团队的组织管理及其与企业内其他部门的关系是组织管理的主要内容。设计组织是由各领域的

专业人员所组成的结构，是将设计师
与产品开发者组成团队的方案。依据
组织的管理结构，新产品开发组织主
要包括以下几种类型：

① 功能型组织，又称金字塔形组
织。这种组织的特点是权限由上至下
递减，无论是命令还是信息，都是从
上向下传递的，每个项目团队的人员
与其他团队人员并无密切的组织关联。
例如，多个企划人员均向同一位经理
报告，经理负责考核与评定他们的薪
资，这样的情况也同样出现在研发部
门。功能型的组织呈阶梯状结构，利
于管理和提高执行效率，但不利于部
门间的协作（图7-5）。

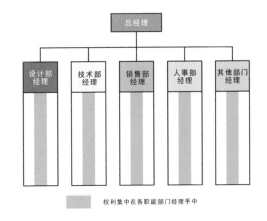

图7-5 功能型组织结构

② 专案型组织，又称独立型组
织。这种组织由具有不同功能和专业
背景的人员组合而成，并承担独立的
开发项目，与企业的其他部门彼此分

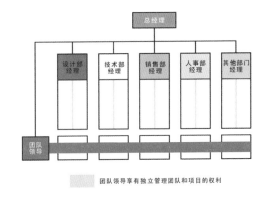

图7-6 专案型组织结构

离。组织中设置有专案经理，专案经理可挑选其研发项目与人员，并负责项目的进
度与研发人员的考核。企业在进行特殊且重要的开发项目时，通常会成立项目小组，
运用特定的资源完成专案项目，小组人员从原部门抽调出来，不再受原部门的管理。
这种组织有利于集中企业的优势资源、整合各部门的精英力量完成特殊的开发项目，
是现代企业项目开发中经常采用的形式（图7-6）。

③ 轻型专案矩阵组织，又称轻团队领导型组织。所谓矩阵组织，是指组织成
员同时受部门经理的纵向管理和团队领导或项目经理的横向管理。轻型专案矩阵组
织偏向于纵向的功能性，即组织中部门经理的权重较大，负责人事管理及人员考核；
而团队领导更像协调者，负责修订进度表、安排会议、促进部门合作等，并无真正
的自主权与控制权（图7-7）。

④ 重型专案矩阵组织，又称重团队领导型组织。此种组织相对于轻型专案矩

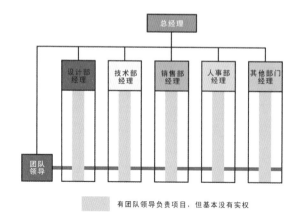

有团队领导负责项目，但基本没有实权

图 7-7 轻型专案矩阵组织结构

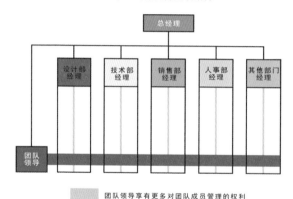

团队领导享有更多对团队成员管理的权利

图 7-8 重型专案矩阵组织结构

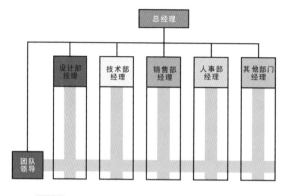

团队领导和各部门职能经理共同分享权利，但权利划分不清

图 7-9 平衡型矩阵组织结构

阵组织具有较佳的专案性。专案经理拥有绝对的领导权与决策权，积极参与研发并严格考核人员的表现；而部门经理的权限则限于日常事务的管理。在重型专案矩阵组织中，专案经理拥有完全的自主权，可以有效地整合机构内部资源，保证开发项目的顺利进行（图 7-8）。

⑤ 平衡型矩阵组织。此种组织中，部门经理和团队领导或项目负责人分享权力，部门经理偏重于人员的行政管理和人事考评，而团队领导则负责项目进度和人员的业绩考核等。平衡型矩阵组织常常因权力划分不清造成矛盾，不利于开发项目的顺利进行（图 7-9）。

上述几种组织结构各有其优缺点，不易判定哪种为最好的产品开发组织形式。设计组织结构的选择应当以开发项目的特征和内容为主要依据，并视实际发生的情况、技术的变革等不确定因素进行调整。另外，最高经营者的实际决定与授权程度直接左右专案经理的执行情况以及公司的营运状况，也应当作为选择设计组织结构时考虑的因素（表 7-1）。

组织结构形式的选择			
组织结构	优 势	劣 势	典型范例
功能型组织	技术一致，项目之间保持统一，利于专业化深入和专精度开发。	强调按顺序开发，较难把握项目开发方向，部门间的协调相对薄弱。	单一产品或服务的组织，如定制化开发项目；新品开发与企业现有产品略有差别的公司。
专案型组织	精力集中，资源可达到最佳分配，可在短时间内对技术与市场提出因应措施，便于在一个地方工作。	项目之间联系薄弱，项目结束后成员易流散，项目进行中几乎不能进行人员变动。	创业公司、"老虎团队"以及希望获得重大突破的"臭鼬工厂"。在极端多在极端多变的市场中参与竞争的公司。
轻型专案矩阵组织	明确资源和进度计划，职能部门经理保留控制权，团队领导负责专业化和专精度的开发。	"团队"缺少授权，存在眼高手低的错觉，行政人员过多，人力资源投入大，且易造成团队领导"受挫"。	有多个产品或规划，需要依靠职能专长组织，如传统汽车、电子产品公司以及航空航天企业等。
重型专案矩阵组织	任务可并行实施，成员能把握项目的方向，加强了资源整合能力与快速反应机制。	难寻合适的"团队领导"，项目结束时，团队结构会不稳定。	有多个产品或规划，需要依靠职能专长组织；组织中有些重要任务具有特定的期限和工作绩效标准。
平衡型矩阵组织	可选择实力强的职能部门处理项目，能灵活进行人员变动和配置专职人员。	团队领导与职能经理的权力划分不清，存在权力斗争和扯皮现象，个人没有明确的指导方向。	有多个产品或规划，需要依靠职能专长组织。

表 7—1　设计组织结构形式的选择

二、产品开发计划的类型与内容

对于企业来讲，产品开发的目的不尽相同，通常可以归结为以下几点：

① 赢利——把新产品开发作为收益源，确保企业利润。

② 扩市——改变产品的陈旧面貌，适应市场的变化。

③ 保先——防止技术的过时，保持技术的先进性（维持技术性资产）。

④ 促发展——保障企业良好的发展态势，实现企业愿景。

企业在明确了新产品开发目的之后，就要根据市场竞争情况和消费者需求确定新产品的开发计划。不同的经济发展时期，新产品的设计开发计划也不同，主要有以下四种类型：

① 以企业自身生产为目的的产品设计开发——根据自有技术及能力生产产品。

② 以销售为目的的产品设计开发——追求大批量的销售。

③ 以满足消费者需求为目的的产品设计开发——满足多样化的消费需求。

④ 以创造新生活方式为目的的产品设计开发——创造新的生活方式，引导消费。

必须指出的是，并不是任何一个产品开发计划都能获得成功。在新产品开发活动中诞生的产品，只有很少一部分能成为适销产品，比起成功来，失败的数量更多。汉密尔顿管理顾问公司对 366 种产品的调查研究数据显示，新产品开发的失败高达 33%；美国博思艾伦咨询公司调查研究 125 家美国公司后发现，新产品开发的失败率在 20% 左右，其中消费品的失败率更是高达 40%（表 7–2）。新产品开发失败的原因很多，主要如下：

① 企业最高经营者对开发的重要性认识不够。

② 企业没有长期的研究开发计划，或者准备不充分。

③ 决定研究课题较迟。

④ 构思的着眼点、归纳方法、评价不清楚。

⑤ 研发项目的区分、定位、过程和方法不清楚。

⑥ 研究开发管理不善（例如计划、报告、评价、组织、人事等）。

⑦ 由于各阶段的缺陷造成失败：想法不合适；想法虽好，但在研究中失败了；研究虽成功了，但在规模化生产中失败了；虽然在技术方面成功了，但在市场方面失败了。

⑧ 市场分析不确切或产品有缺陷、成本超过预算、上市的时机不好、经营活

产品开发失败原因调查分析汇总		
1	对市场分析不全面	45%
2	产品存在技术问题或缺陷	29%
3	市场推销得不好	25%
4	成本高于期望值，价格过高	19%
5	竞争的反作用造成的	17%
6	产品进入市场的时机不好	14%
7	制造上存在问题	12%

表 7–2　产品开发失败原因调查表

动不足、销售力弱、流通渠道有缺陷等。

企业经营成败的关键之一是新产品的开发，而开发出受顾客欢迎的适销新产品的成功率又较小。那么，企业应该如何组织有效的开发呢？归纳起来主要应做好如下工作：

① 整理并收集与产品开发活动相关联的资料与信息，对开发的制度、方法进行研究，对开发资料和有用情报进行系统储存。

② 开发的构思。广泛收集创造性的构思和智慧，将其系统地整理，并有效地对其加以评价。

③ 制定方针、目标、计划。要确立正确有效的开发方针、目标和计划，并明确参与者的职责。要让有关人员充分、彻底地了解既定方针、目标和计划。

④ 基础研究。要明确基础研究的目的、方向，构建便于研究的体制。

⑤ 开发研究。研究在加工、流通阶段的开发方法，并制定概念评估、筛选和检测的方法。

⑥ 质量设计。要明确开发目的，并进行合乎要求的质量设计。

⑦ 质量评价、开发评价。要进行确立评价项目、评价方法、评价尺度的研究，并建立评价的原则和反馈体制。

⑧ 开发组织和权限。要明确开发推进人、管理负责人，创造能有效地进行开发的弹性组织，要配置合适的人才，并培养研究开发和管理的专家。

⑨ 开发管理。对产品开发行为进行规模化、制度化管理。

⑩ 经营部门。要有组织地进行构思评价和有计划地进行商品展开，要进行良好的生产管理，谋求综合性地开发。

⑪ 经营者层次。要考虑处理有用情报的对策，明确开发方针、目标和主题，制定综合营业及生产的责任体制，进行与企业有关、与成果相联系的开发。

⑫ 管理者层次。要明确适应开发阶段的管理点、检测点，求得开发的效率最大化，要采取不失时机的对策，充分进行有关开发的管理。

⑬ 部门之间的问题。要努力谋求部门间的有机统一，并确立情报和评价的反馈体制。

三、产品计划流程

产品计划是生产企业使用的语言，是指一种正确把握消费者欲求，从而实现产品的计划。其主要是指企业围绕产品制定的一系列发展规划和策划等，内容包括：新产品开发、半新产品开发、现有产品的改良、现有产品新用途的开发、产品的终止或产品群的缩小、产品群的扩大等。产品计划通常是企业发展规划中最重要的内容，也是企业发展的核心问题。产品计划要与企业的品牌计划、商品计划等内容彼此适应，这样才能使企业的发展协调而稳定。

随着人们生活水平的不断提高和国际交流的日趋频繁，人们的欲求、价值观、消费观念、生活意识、生活方式、生活结构等变得越来越复杂和多样化。另一方面，由于科学技术的进步、新材料的开发、生产方式的改良，产品无论是质的方面还是量的方面都在发生着变化。传统产品计划是一种仅仅基于生产意向的计划，已难以适应当下的企业发展和市场竞争状况。当下的企业生产正在逐步朝着销售意向、消费者意向、生活方式意向和生活者意向等方向发展。总的来讲，产品计划的步骤大致可分为六个阶段：

① 决定问题范围的阶段。主要是研究产品规划的目标。

② 构思和选择的阶段。提出必要的构思加以研究、选择。

③ 产品计划的立案阶段。要研究试制的可能性、费用及工作步骤等。

④ 试制阶段。实行试制计划，结合制造过程中的生产计划，确定初始价格及局部市场测试结果等。

⑤ 制造阶段。即批量生产的阶段。

⑥ 销售规划阶段。制定销售的综合计划，逐步实施宣传、广告、销售活动。

根据具体的产品计划，可以制定相应的新产品开发流程。在计划实施过程中，应该对相关部门的工作和人物进行明确的界定，以利于各部门之间高效地合作。

第三节　企业产品设计开发案例：连续式高频熔接机的设计

1. 项目概述

本项目是针对中小企业机械产品的改良与创新设计，在企业原有产品的机械结构与功能的基础上对其造型、人机关系等内容进行人性化设计。

高频熔接机是利用高频电场使塑料内部分子震荡产生热能，从而进行各类制品熔合的机械，是塑料热合的首选设备。连续式高频熔接机克服了传统固定式高频热合机的缺点，避免了用黏胶剂拼接所造成的环境污染及拉伸强度不足的缺陷。其拼接头可随槽轨上的主机移动，使拼接熔合面一次长达数米，甚至几十米，适用于大规模、中厚型膜结构材料的拼接，如大型屋顶篷布、集装箱篷盖布、广告灯箱布等。

项目开始之初，设计师首先要了解设计任务、明确设计内容，并透彻地领悟设计所应实现的目标。设计师需要对原始材料和信息进行收集和整理，了解相关行业、产品的现有设计状况，熟悉该类产品的造型风格及功能需求、技术条件等。同时，通过与设计委托方进行深入的交流和沟通，了解委托方的设计意图和期望、目标（表 7-3）。

序号	需求类别	需求内容
1	市场价格	5—10 万
2	产品定位	适合普通用户使用和操作的机械产品
3	开发类别	外观造型设计
4	面向消费市场	国内外广告器械市场
5	面向消费群体	广告经营者、纺织印刷经营者、建筑用膜结构经营者
6	成本	维持原产品制作成本或稍加提高
7	外观风格	力求简洁、谐调，突出企业产品形象
8	外观装饰附件	不加多余装饰
9	性能	保证机器能正常安装、调试，拆装方便，客户能简易安装、使用，操作符合人机要求，机器正常运行
10	产品尺寸	满足结构装配标准和要求
11	颜色	力求整体搭配协调、美观，适合工作场所，减少视觉刺激
12	材料	以钣金件为主，可应用其他辅助材料
13	工艺	工艺力求简单可行，低加工成本，满足机器正常运行
14	时间	按设计合同规定时间交付
15	模型制作	无
16	其他	无

表 7-3 连续式高频熔接机的设计要求

2. 制定计划

在进入具体设计环节前，必须对整个项目进行全面的衡量和分析，确定设计团队及人员组成，明确设计目标，制定科学合理的时间节点，从而将设计行为控制在实际的项目计划内。制定设计计划应注意以下几点：

① 明确设计内容，了解设计意图，清楚设计目标。

② 明确项目各个环节的具体任务及需要完成的相关事项，掌握各个环节的设计意图和手段。

③ 理解各个环节之间的相互关系及作用。

④ 充分估计各个环节的工作所需的实际时间，尤其要考虑各阶段与客户沟通、交流与确认的时间节点。

⑤ 认识整个设计过程的要点和难点。

在完成设计计划后，将设计过程的内容、时间安排、操作程序绘制成设计计划表。设计团队和相关人员需严格按照时间安排开展相应的工作，以保证设计项目顺利开展并如期完成（表7-4）。

月	日	项目启动	设计前期				设计展开					设计完成					
			设计输入	资料收集	设计分析	设计定位	概念草图	草案设计	色彩分析	CAD建模	渲染	方案评估	方案甄选	最终定稿	方案解析	工程图纸	方案提交
7月	23(三)	■															
	24(四)		■														
	25(五)			■													
	26(六)			■													
	27(日)			X													
	28(一)				■												
	29(二)				■												
	30(三)				■												
	31(四)					■											
8月	1(五)					■											
	2(六)						■										
	3(日)						X										
	4(一)							■									
	5(二)							■									
	6(三)							■									
	7(四)							■									
	8(五)								■								
	9(六)									■							
	10(日)									X							
	11(一)										■						
	12(二)										■						
	13(三)										■						
	14(四)											■					
	15(五)												■				
	16(六)													■			
	17(日)														X		
	18(一)															■	
	19(二)															■	
	20(三)																■

表7-4　连续式高频熔接机设计日程表

3. 设计输入

在制定设计计划后，设计师需要对设计对象的功能、结构、尺度、材料、色彩及使用过程、操作方式、操作环境等内容进行考察和参数输入，从而对产品形成相对直观、清晰的认识，并掌握现有产品在造型及结构等方面的不足和缺陷，以便从中发现改良或创新的概念与构思。设计输入环节需要设计师深入到产品的使用环境中，进行观察、操作乃至拆解、组装等活动，深入了解产品的整体结构及局部细节，以便拓展设计概念（图7—10）。

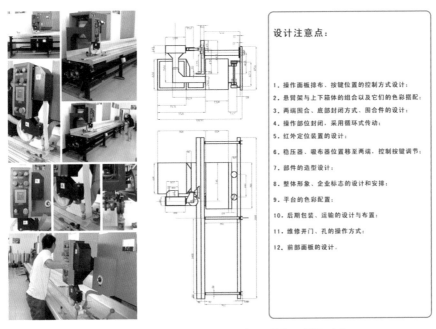

图7—10　连续式高频熔接机设计项目的输入过程及内容

4. 设计调研与信息收集

在确定设计目标之后，需要对当前市场上的同类产品和相关产品进行调查研究，并收集产品的造型、结构、性能、材料、色彩等方面的资料，同时，还要对社会需求、市场反应、销售趋势及经济、文化、审美、技术等内容进行分析。掌握与设计内容相关的有效素材，有助于吸收国内外先进经验和最新技术，改良相关产品的功能实现方式及生产技术等，以便更好地推动设计行为向合理的方向发展。

设计调研通过问卷、访谈、观察和实验等方式开展，收集到的各种各样的与

公司名称	产品分类	产品型号	产品图片
上海呈诚吸塑机械有限公司	吸塑机	CC-60N 半自动吸塑机（高效型）	
		CC-40 半自动吸塑机（经济型）	
		CC-11 半自动双工位吸塑机	
		CC-H 厚片吸塑成型机	
		CC-CD 吸塑液压裁断机	
	熔接机	CC-RJ 高周波塑胶熔接机	
	折边机	CC-Z 三边自动折边机	
天津市永成包装设备有限公司	密封机	热'（缝合密封机	

产品图片	产品名称	生产厂家	产品价格	产品性能	备注
	CC-RJ 高周波塑胶熔接机	上海呈诚吸塑机械有限公司			
	自动滑台100KW-180KW高周波塑胶熔接机	宁波市鄞州捷顺机械厂			
	高周波塑胶熔接机	上海久罗吸塑包装机械设备厂			
	膜结构专用熔接机	上海久罗吸塑包装机械设备厂			
	连续式高频拼接机	上海久罗吸塑包装机械设备厂			
	熔接机ZL3000T	杭州中凌广告器材有限公司			

表 7-5 连续式高频熔接机设计调研内容及信息资料收集整理样本（部分）

设计项目相关的信息资料经规范处理，形成系统性和可视化的设计素材，为设计师分析问题、确立设计方向提供帮助。当然，设计师需要根据实际项目的具体情况设定调研的内容和范围、时间和周期，以保证设计行为在预定计划下顺利开展，避免因过于宽泛和盲目地调研而导致庞大的数据处理量，影响设计进度和设计概念的发想(表7-5)。

设计调研阶段要达成以下目标：

① 探索产品化的可能性。

② 通过分析调研结果，发现潜在需求。

③ 形成具体的产品面貌。

④ 发现开发中的实际问题点。

⑤ 把握相关产品的市场倾向。

⑥ 寻求与同类产品的差别点。

⑦ 寻求商品化的方向和途径。

5. 设计分析

在对现有产品的品牌和类型等情况进行调研的基础上，设计师需要对收集的样本进行分类和分析比较。可以采用坐标图法等方式使现有产品的造型、色彩及材料等要素的区分更直观和明确，进而确定本次设计任务的具体定位和设计方向。如图 7-11 为连续式高频熔接机设计分析组图，表 7-6 为依据该分析给出的设计定位。

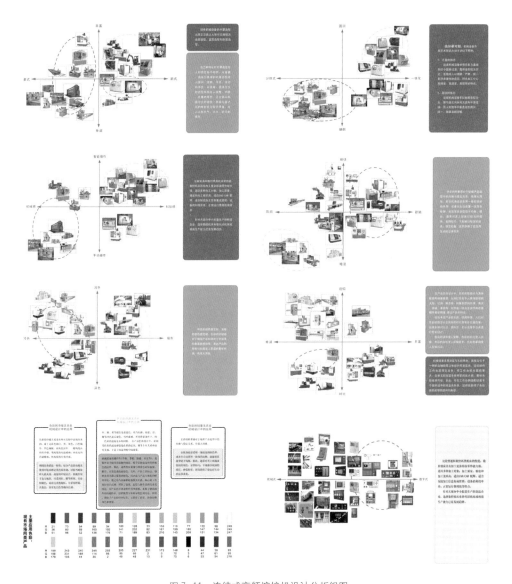

图 7-11　连续式高频熔接机设计分析组图

6. 方案构想与设计草图

经过调研与分析，设计师已熟悉并掌握了设计项目的主要内容和关键点，并能对某些不足和缺陷提出自己的设计构想和改良方案。此时，设计师需要通过大量草图将头脑中的想法和创意概念视觉化，实现从抽象思考到图解思考的转化，并对具体细节进行推敲和演绎，以便和委托方进行信息交流和设计沟通。

设计定位：

1. 操作面板上按键、显示屏的排布及控制方式更符合人的操作习惯；

2. 操作部位封闭，高温布采用循环式传动；

3. 工作台两端围合，底部封闭，围合的方式设计及围合件的外观设计使其稳重、美观；

4. 稳压器、吸布器位置移至两端，用按键控制调节其工作；

5. 红外定位装置的位置安排与外观设计，使其与设备的整体风格统一；

6. 压布装置的外观设计，使其简洁；

7. 卷布盒与工作台一体化；

8. 悬臂架与上、下箱体的组合方式更合理；

9. 改良操作面板的材质，防静电，使操作更安全；

10. 设备整体形象及零部件的造型、色彩设计，实现统一、协调；

11. 操作平台的色彩搭配美观、易操作；

12. 侧门的打开方式及其上散热孔的分布设计，使产品更便于维修及散热；

13. 企业标志在设备上的摆放位置设计，以期突出企业形象，提升产品价值；

14. 后期包装、运输的设计与布置，使设备的包装、运输更节省能源，更便利。

表 7-6　连续式高频熔接机设计定位

　　设计草图的表现形式和技法多种多样，有平面图、透视图、剖面图、局部细节图和结构图等。设计师不必拘泥于草图的表现形式，更重要的是表达创意概念和说明设计意图。通常设计者会先从整体造型和结构入手检视轮廓、姿态及被强调的部分等，简略地确定物体的主要特征。然后，再表现大概的外观结构、特征线条、量感及动感，进而深入到具体细节如零部件的造型和结构，形成完整统一的产品造型。

　　在方案构想和草图表现阶段，设计者和团队需要与委托方进行方案的筛选和评估，以去掉明显没有发展前途的设计概念，并进一步调整和确定方案延伸的方向，集中精力发展更有价值的概念和构思（图 7-12）。

图 7-12　连续式高频熔接机设计草图

7. 深化设计与方案甄选

经过多轮草图表现和概念发想后，需要对人机工程学、价值工程、设计实现技术、产品尺度、产品色彩和细节造型等进行深化设计。通常设计师需要通过绘制二维效果图来确定产品的具体尺寸和比例关系、部件连接结构及造型、色彩搭配方案等，并依次与委托方进行设计方案的甄选和评估，以确定最终的研发方向（图 7-13、图 7-14、图 7-15）。

8. 方案提交与设计效果图

经过深化方案与细节讨论，最终确定具体的产品设计方案，并依据设计构想绘制产品效果图和工程结构图，以便更直观地讨论各部分的结构与造型，指导最终产品的生产与加工，以及与委托方评估、确定最终的商品化方案（图 7-16）。

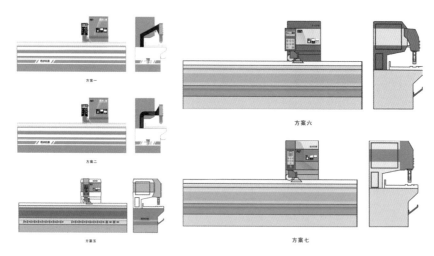

图7-13 连续式高频熔接机设计方案的整机二维效果图（部分）

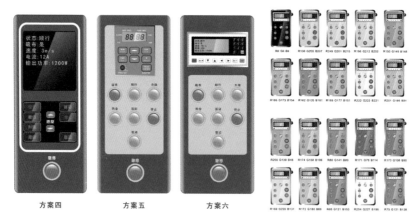

图7-14 控制面板设计方案的二维效果图（部分）　　图7-15 控制面板的配色方案（部分）

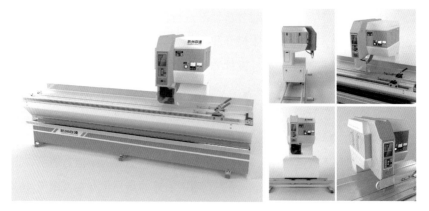

图7-16 连续式高频熔接机最终设计方案效果图

参考文献

唐齐千.产品设计与效益.北京：中国经济出版社.1988.

简召全主编.工业设计方法学.北京：北京理工大学出版社.1993.

张道一主编.工业设计全书.南京：江苏科学技术出版社.1994.

〔英〕彼得·多默.1945年以来的设计.成都：四川人民出版社.1998.

〔英〕埃德蒙·利奇.文化与交流.上海：上海人民出版社.2000.

何晓佑编著.产品设计程序与方法.北京：中国轻工业出版社.2000.

邝慧仪、武鹏飞、洪雯雯、徐艳秋、廖呢喃编著.设计学概论.长沙：湖南科学技术出版社.2000.

张同.新产品开发与设计实务.南京：江苏科学技术出版社.2000.

凌继尧、徐恒醇.艺术设计学.上海：上海人民出版社.2001.

周树清等编著.新产品开发与实例.北京：中国国际广播出版社.2001.

边守仁.产品创新设计：工业设计专案的解构与重建.北京：北京理工大学出版社.2002.

胡飞、杨瑞编著.设计符号与产品语意.北京：中国建筑工业出版社.2003.

〔美〕唐纳德·诺曼.情感化设计.北京：中信出版社.2003.

〔美〕马斯洛·马斯洛.人本哲学.北京：九州出版社.2003.

杨裕富.创意活力——产品设计方法论.长春：吉林科学技术出版社.2004.

〔美〕史密斯、〔美〕瑞纳森.产品开发新法则（第二版）.北京：清华大学出版社.2005.

卢明森主编.创新思维学引论.北京：高等教育出版社.2005.

鲁晓波、赵超编著.工业设计程序与方法.北京：清华大学出版社.2005.

张琲编著.产品创新设计与思维.北京：中国建筑工业出版社.2005.

张宪荣、陈麦、张萱编著.工业设计理念与方法.北京：北京理工大学出版社.2005.

陈汗青.产品设计.武汉：华中科技大学出版社.2005.

戴端主编.产品设计方法学.北京：中国轻工业出版社.2005.

黄厚石、孙海燕.设计原理.南京：东南大学出版社.2005.

梁桂明、董洁晶、梁锋编著.创造学与新产品开发思路及实例.北京：机械工业出版社.2005.

〔美〕卡尔·T.犹里齐、〔美〕斯蒂芬·D.埃平格.产品设计与开发.北京：高等教育出版社.2005.

〔瑞士〕哥海德·休弗雷.北欧设计学院工业设计基础教程.南宁：广西美术出版社.2006.

〔日〕原研哉.设计中的设计.济南：山东人民出版社.2006.

刘瑞芬编著.设计程序与设计管理.北京：清华大学出版社.2006.

张展、王虹编著.产品改良设计.上海：上海画报出版社.2006.

郑建启、李翔编著.设计方法学.北京：清华大学出版社.2006.

诸葛铠.设计艺术学十讲.济南：山东画报出版社.2006.

〔英〕保罗·特罗特.创新管理与新产品开发.北京：中国市场出版社.2007.

刘杰、段丽莎.产品设计基础.北京：高等教育出版社.2007.

许继峰、孙岚、刘俊哲编著.解读设计：工业设计课题与实战教程.南宁：广西美术出版社.2009.

〔日〕田中一光.设计的觉醒.南宁：广西师范大学出版社.2009.

〔美〕理查德·布坎南、维克多·马格林编.发现设计：设计研究探讨.南京：江苏美术出版社.2010.

〔日〕原研哉、〔日〕阿部雅世.为什么设计.济南：山东人民出版社.2010.

柳冠中.设计方法论.北京：高等教育出版社.2011.

〔法〕博丽塔·博雅·德·墨柔塔.设计管理：运用设计建立品牌价值与企业创新.北京：北京理工大学出版社.2011.

〔美〕沃伦·贝格尔.像设计师一样思考.北京：中信出版社.2011.

〔美〕蒂姆·布朗.IDEO，设计改变一切.沈阳：万卷出版公司.2011.

赖声川.赖声川的创意学.桂林：广西师范大学出版社.2011.

〔英〕彼得·多默.现代设计的意义.南京：译林出版社.2012.

〔英〕彭妮·斯帕克.设计与文化导论.南京：译林出版社.2012.

〔英〕彭妮·斯帕克.大设计：BBC写给大众的设计史.桂林：广西师范大学出版社.2012.

〔美〕亨利·德莱福斯.为人的设计.南京：译林出版社.2012.

〔日〕喜多俊之.给设计以灵魂：当现代设计遇见传统工艺.北京：电子工业出版社.2012.

柳冠中.象外集：语录·访谈·文论·众说.北京：中国建筑工业出版社.2012.

〔美〕贝拉·马丁、〔美〕布鲁斯·汉宁顿.通用设计方法.北京：中央编译出版社.2013.

〔美〕维克多·帕帕奈克.为真实的世界设计.北京：中信出版社.2013.

许继峰、张寒凝、崔天剑编著.产品设计程序与方法.南京：东南大学出版社.2013.

〔荷〕代尔夫特理工大学工业设计工程学院.设计方法与策略：代尔夫特设计指南.武汉：华中科技大学出版社.2014.

〔美〕维杰·库玛.企业创新101设计法.北京：中信出版社.2014.

崔天剑.当代工业设计思想与方法.南京：东南大学出版社.2014.

〔日〕黑川雅之.日本的八个审美意识.石家庄：河北美术出版社.2014.

许继峰.现代中式家具设计系统论.南京：东南大学出版社.2015.

〔英〕迪耶·萨迪奇.设计的语言.南宁：广西师范大学出版社.2015.

Hugh Dubberly. *How do You Design？*. San Francisco: Dubberly Design Office. 2004.

Jennifer Hudson. *Process: 50 Product Designs from Concept to Manufacture*. Laurence King Publishing. London. 2006.

Gjoko Muratovski. *Beyond Design*. NAM Print. Macedonia. 2006.

James Carlopio. *Strategy by Design: A Process of Strategy Innovation*. New York: Palgrave Macmillan. 2010.

MauricioVianna, Ysma Vianna et al. *Design Thinking: Business Innovation*. MJV Press. Rio de Janeiro. 2012.

"博雅大学堂·设计学专业规划教材"架构

为促进设计学科教学的繁荣和发展,北京大学出版社特邀请东南大学艺术学院凌继尧教授主编一套"博雅大学堂·设计学专业规划教材",涵括基础/共同课、视觉传达设计、环境艺术设计、工业设计/产品设计、动漫设计/多媒体设计五个设计专业。每本书均邀请设计领域的一流专家、学者或有教学特色的中青年骨干教师撰写,深入浅出,注重实用性,并配有相关的教学课件,希望能借此推动设计教学的发展,方便相关院校老师的教学。

1. 基础/共同课系列

设计概论、中国设计史、西方设计史、设计基础、设计素描、设计色彩、设计思维、设计表达、设计管理、设计鉴赏、设计心理学

2. 视觉传达设计系列

平面设计概论、图形创意、摄影基础、写生、字体设计、版式设计、图形设计、标志设计、VI设计、品牌设计、包装设计、广告设计、书籍装帧设计、招贴设计、手绘插图设计

3. 环境艺术设计系列

环境艺术设计概论、城市规划设计、景观设计、公共艺术设计、展示设计、室内设计、居室空间设计、商业空间设计、办公空间设计、照明设计、建筑设计初步、建筑设计、建筑图的表达与绘制、环境手绘图表现技法、效果图表现技法、装饰材料与构造、材料与施工、人体工程学

4. 工业设计/产品设计系列

工业设计概论、工业设计原理、工业设计史、工业设计工程学、工业设计制图、产品设计、产品设计创意表达、产品设计程序与方法、产品形态设计、产品模型制作、产品设计手绘表现技法、产品设计材料与工艺、用户体验设计、家具设计、人机工程学

5. 动漫设计/多媒体设计系列

动漫概论、二维动画基础、三维动画基础、动漫技法、动漫运动规律、动漫剧本创作、动漫动作设计、动漫造型设计、动漫场景设计、影视特效、影视后期合成、网页设计、信息设计、互动设计

《产品设计程序与方法》教学课件申请表

尊敬的老师，您好！

　　我们制作了与《产品设计程序与方法》配套使用的教学课件，以方便您的教学。在您确认将本书作为指定教材后，请您填好以下表格（可复印），并盖上系办公室的公章，回寄给我们，或者给我们的教师服务邮箱907067241@qq.com写信，我们将向您发送电子版的申请表，填写完整后发送回教师服务邮箱，之后我们将免费向您提供该书的教学课件。我们愿以真诚的服务回报您对北京大学出版社的关心和支持！

您的姓名		您所在的院系	
您所讲授的课程名称			
每学期学生人数	_____人　　_____年级　　_____学时		
课程的类型（请在相应方框上画"✓"）	□ 全校公选课　　□ 院系专业必修课 □ 其他_____		
您目前采用的教材	作者_____　　书名_____ 出版社_____		
您准备何时采用此书授课			
您的联系地址和邮编			
您的电话（必填）			
E-mail（必填）			
目前主要教学专业			
科研方向（必填）			
您对本书的建议		系办公室 盖　章	

我们的联系方式：
北京市海淀区成府路205号北京大学文史哲事业部 艺术组
邮编：100871　电话：010-62755217　传真：010-62556201
教师服务邮箱：907067241@qq.com　QQ群号：230698517
网址：http://www.pupbook.com